高等职业教育电子信息课程群系列教材

电子产品设计案例教程（微课版）
——基于嘉立创 EDA（专业版）

主 编　王　静　莫志宏　陈学昌　丁　红

副主编　刘传涛　赖鹏威　刘亭亭　胡小亮　赵瑞华　童　亮

中国水利水电出版社
www.waterpub.com.cn
·北京·

内 容 提 要

本书以嘉立创 EDA（专业版）电子产品设计工具为基础，从实用角度出发，以学生熟悉的数字电子时钟、51 单片机开发板案例为导向，以任务为驱动，深入浅出地介绍了嘉立创 EDA（专业版）软件的设计环境、原理图设计、复用图块（层次原理图）设计；PCB 设计、PCB 规则约束及校验、交互式布线；符号库、封装库、器件库的创建；面板设计、3D 外壳设计、生产文件的输出、嘉立创下单等相关技术内容。本书配套资源丰富，包括操作视频、电子教案和案例素材。

本书内容全面、图文并茂、通俗易懂、实用性强，可作为高职院校电子、电气、计算机、通信等专业的教材，也可作为从事电子线路设计相关工作人员的参考书。

图书在版编目（ＣＩＰ）数据

电子产品设计案例教程：微课版：基于嘉立创EDA：
专业版 / 王静等主编. -- 北京：中国水利水电出版社，
2023.12（2024.8 重印）
高等职业教育电子信息课程群系列教材
ISBN 978-7-5226-1970-5

Ⅰ. ①电… Ⅱ. ①王… Ⅲ. ①电子产品-设计-案例
-高等职业教育-教材 Ⅳ. ①TN602

中国国家版本馆CIP数据核字(2023)第223511号

策划编辑：寇文杰　　　责任编辑：张玉玲　　　封面设计：苏敏

书　　名	高等职业教育电子信息课程群系列教材 电子产品设计案例教程（微课版）——基于嘉立创 EDA（专业版） DIANZI CHANPIN SHEJI ANLI JIAOCHENG (WEIKE BAN)——JIYU JIALICHUANG EDA (ZHUANYE BAN)
作　　者	主　编　王　静　莫志宏　陈学昌　丁　红 副主编　刘传涛　赖鹏威　刘亭亭　胡小亮　赵瑞华　童　亮
出版发行	中国水利水电出版社 （北京市海淀区玉渊潭南路 1 号 D 座　100038） 网址：www.waterpub.com.cn E-mail: mchannel@263.net（答疑） 　　　　sales@mwr.gov.cn 电话：(010) 68545888（营销中心）、82562819（组稿）
经　　售	北京科水图书销售有限公司 电话：(010) 68545874、63202643 全国各地新华书店和相关出版物销售网点
排　　版	北京万水电子信息有限公司
印　　刷	三河市鑫金马印装有限公司
规　　格	184mm×260mm　16 开本　19.5 印张　499 千字
版　　次	2023 年 12 月第 1 版　2024 年 8 月第 2 次印刷
印　　数	2001—4000 册
定　　价	58.00 元

前　言

党的二十大报告的主题是：高举中国特色社会主义伟大旗帜，全面贯彻习近平新时代中国特色社会主义思想，弘扬伟大建党精神，自信自强、守正创新，踔厉奋发、勇毅前行，为全面建设社会主义现代化国家、全面推进中华民族伟大复兴而团结奋斗。

为了实现高水平科技自立自强，进入创新型国家前列，必须坚持科技是第一生产力、人才是第一资源、创新是第一动力，深入实施科教兴国战略、人才强国战略、创新驱动发展战略，开辟发展新领域新赛道，不断塑造发展新动能新优势。

青年强，则国家强。育人的根本在于立德，要培养学生爱党、爱国，德才兼备。

嘉立创 EDA 是一款基于浏览器的、友好易用的、强大的电子设计自动化工具，发布于 2010年，由中国独立研发，拥有完全自主知识产权，服务于广大电子工程师、教育者、学生、电子制造商和爱好者等。嘉立创 EDA 软件把原理图设计、PCB 设计、PCB 制板（下单）、购买元器件（元件下单）、机箱设计、面板设计、制作等功能融合统一在一个交互界面上，把 ECAD与 MCAD 设计融为一体，操作简单、实用方便。

编写有关嘉立创 EDA 的教材，服务于读者熟悉嘉立创 EDA 软件，便于推广国产 EDA 软件的应用，具有广阔的市场前景，有利于工业界解决"卡脖子"难题。

教材编写的思路是将知识与技能结合，把知识难点融入到实际案例中，以案例为主线来讲授知识点，案例的讲授贯穿整个教材。传统教材把原理图设计与 PCB 设计分离，前半部分讲原理图设计，后半部分讲 PCB 设计，缺乏整体性。而本教材打破传统教材的编写方式，从实际电路设计的需求出发，将原理图设计与 PCB 设计看作一个整体，通过 3 个案例由浅入深、由易到难的学习，不知不觉间读者已在案例训练中掌握了知识，提高了能力。

本书共分 13 章：第 1 章介绍嘉立创 EDA（专业版）的基础知识，包括嘉立创 EDA（专业版）软件的安装步骤、界面简介、系统环境设置等，学习完本章后读者可对嘉立创 EDA（专业版）软件有直观的了解，消除新手对软件使用的陌生感；第 2 章和第 3 章以"多谐振荡器"为案例介绍原理图及 PCB 设计的基础知识，让读者对软件的功能有一个初步了解，并能进行简单的原理图及 PCB 设计；第 4 章介绍嘉立创 EDA（专业版）的版本管理，将网上的工程保存到本地，导入保存在本地的工程；在云端自动/手动保存工程、删除工程，恢复误删的工程等，学习完本章读者能够完成线上版本的更新、线上线下版本的切换等操作；第 5 章介绍原理图、PCB 绘制的操作界面配置，面板/面板库的设置，常用字体、属性、快捷键及顶部工具栏的设置等，让读者根据自己的使用习惯进行参数设置，得心应手地使用该软件；第 6 章介绍器件库、符号库、封装库的创建，嘉立创 EDA 拥有百万云端元件库，软件使用者可以根据需求直接在线搜索使用，但绘制库文件也是设计者必须掌握的本领，所以本章对如何创建属于自己的器件库进行了详细介绍；第 7 章介绍自定义原理图图纸模板，用该模板绘制数字钟电路原理图，学习完本章将能够快捷高效地使用嘉立创 EDA 的原理图编辑器进行原理图的设计；第 8 章完成"数字钟电路"的 PCB 板设计，因为 PCB 设计是在设计规则的实时检测下完成的，所以本章首先介绍设计规则并开启实时 DRC 检测，然后介绍绘制异形 PCB 边框，介绍原理图与 PCB 的交叉选择、布局传递、自动布局、手动布局、自动布线、手动布线等知识要点；第 9 章介绍交互式布线的处理方式、放置泪滴、放置尺寸标注、设置坐标原点、放置 Logo、绘制多边形覆铜区域、异形覆铜的创建、对象快速定位、PCB 板的 3D 显示等；第 10 章介绍生产文件的导出与使用，为 PCB 的后期制作、元件采购、文件交流等提供方便；第 11 章介绍嘉立创 EDA（专业版）提供的 3D 建模功能，以第 2 个案例"数字钟"为基础设计适配"数字钟"的 3D 外壳结构，学习完本章后读者能够将 PCB 与 3D 结构设计结合起来，熟悉外壳设计的基本理念，掌握结构设计的基本方法；第 12 章以如何为第 2 个案例"数字钟"设计合适的面板为主要内容，讲解如何使用嘉立创 EDA（专业版）创建面板工程，完成面板设计和生产，学习完本章后读者能够基本掌握亚克力面板的工艺、设计和生产；第 13 章通过第 3 个案例"51 单片机开发板"介绍复用图块（层次原理图）设计方法，并完成相应的 PCB 设计，学习完本章后读者能够掌握自顶向下、自底向上的复用图块设计方法及总线的绘制方法。

本书由重庆电子工程职业学院与深圳嘉立创科技集团股份有限公司联合编写，重庆大学微电子与通信工程学院的万俊博士任技术顾问，在此对编者间的无私指导、关心和帮助表示感谢；在本书编写过程中，编者参阅了同行专家的相关文献资料，在此真诚致谢。

由于时间仓促及编者水平有限，书中不妥甚至错误之处在所难免，恳请读者批评指正，编者电子邮箱：wjlttlw@126.com。

编　者
2023 年 6 月

目　录

第1章 认识嘉立创 EDA（专业版）软件

任务描述

本章主要介绍嘉立创 EDA（专业版）软件的下载、安装方法，熟悉软件界面、软件参数设置方法。通过本章的学习，读者能够完成软件的安装和使用，正确地打开、收起各个工作面板，通过专业版快速上手教程及特色功能快览链接尽快掌握该软件的使用。涵盖以下主题：

- 嘉立创 EDA（专业版）软件安装。
- 嘉立创 EDA（专业版）软件界面。
- 嘉立创 EDA（专业版）软件参数设置。

1.1 嘉立创 EDA 是什么

嘉立创 EDA 是一款基于浏览器的、友好易用的、强大的电子设计自动化工具，发布于 2010 年，由中国独立开发，拥有完全自主知识产权。嘉立创 EDA 服务于广大电子工程师、教育者、学生、电子制造商和爱好者，致力于中小原理图和电路图绘制、仿真、PCB 设计和提供制造便利性。

嘉立创 EDA 不需要安装任何软件或插件，可以在任何支持 HTML5 标准的 Web 浏览器上打开，无论你使用的是 Linux、Mac 还是 Windows，都能为你提供专业的优质服务。

嘉立创 EDA 分为浏览器版本和客户端版本，本书以客户端版本为例进行介绍。

嘉立创 EDA 目前有两个版本：嘉立创 EDA 专业版和嘉立创 EDA 标准版。

嘉立创 EDA 专业版是嘉立创 EDA 团队花费一年的时间全力打造的一个全新版本，于 2019 年末推出，以一个全新的工具来对待，嘉立创 EDA 标准版的某些功能和宽松限制不一定会提供。

专业版发展历程：2020 年基于标准版优化，推出嘉立创 EDA 专业版；2021 年推出全离线客户端，新增 3D 建模与面板打印；2022 年推出彩色丝印设计，企业版私有化，产品性能进一步提高。

嘉立创 EDA 专业版的数据和嘉立创 EDA 标准版的数据不互通，嘉立创 EDA 专业版与标准版的具体功能对比请查看嘉立创 EDA 专业版文档教程介绍一节。

1. 嘉立创 EDA 专业版
- 功能更加强大，标准版的遗留问题都会解决掉，全新的 PCB 绘制。
- PCB 基于 WebGL 引擎，可以流畅提供数万焊盘的 PCB 设计。

- 各种约束也会加强，提供更加强大的规则管理等。
- 更强大的器件选型功能，不需要频繁在立创商城和嘉立创 EDA 编辑器之间来回切换。
- 提供了器件概念，器件 = 符号 + 封装 + 3D 模型 + 属性，只允许放置器件在原理图/PCB 画布中，加强库的复用。
- 支持层次图绘制，可以支持多达 500 页原理图绘制，PCB 支持 5 万个元件依然可以流畅缩放、平移和布线。
- 支持一个工程多个单板设计。
- 更强大的 DXF 导入导出，更强大的 PDF 导出。
- 内置自动布线功能，标准版需要外接自动布线插件。

嘉立创 EDA 专业版还在不断开发中，嘉立创 EDA 标准版原有的一些功能将逐步提供。

2. 嘉立创 EDA 标准版

- 嘉立创 EDA 标准版立项于 2011 年，最先推出海外版本 EasyEDA，2017 年正式推出国内版本嘉立创 EDA。
- 嘉立创 EDA 标准版的某些功能和宽松限制不一定会在专业版提供。
- 嘉立创 EDA 标准版基于 SVG，在一些大一点的板子上会比较卡顿。
- 嘉立创 EDA 标准版后续将以修复 BUG 为主，大功能基本不再增加。
- 嘉立创 EDA 专业版的数据和嘉立创 EDA 标准版的数据不互通，提供标准版数据迁移到专业版功能，在专业版开始页有迁移入口。
- 支持导入标准版到专业版，请查看导入章节，导入标准版的工程文件。
- 嘉立创 EDA 专业版提供了器件概念，器件 = 符号 + 封装 + 3D 模型 + 属性，以实现高度复用，只允许放置器件在原理图画布中。
- 标准版不能进行符号库复用。

1.2 嘉立创 EDA 软件概述

嘉立创 EDA（专业版）
软件的下载、安装

1.2.1 嘉立创 EDA 软件的下载

登录嘉立创 EDA 官网，弹出图 1-1 所示的界面，如果是运行浏览器版本，单击"嘉立创 EDA 编辑器"，如果是运行客户端版本，单击"立即下载"按钮，弹出图 1-2 所示的客户端下载界面。

在"客户端下载"对话框中，有嘉立创 EDA 专业版和标准版两种选择，有 Windows 版本、Linux 版本、Mac 版本供选择，还有文档下载、激活文件下载、安装与使用说明、教程 PDF 下载。本书讲授嘉立创 EDA 专业版，根据需要单击专业版的 Windows 版本，弹出下载任务图标，单击"下载"按钮（图 1-3），开始下载 lceda-pro-windows-x64-1.9.29.exe 安装包到你指定的文件夹内。

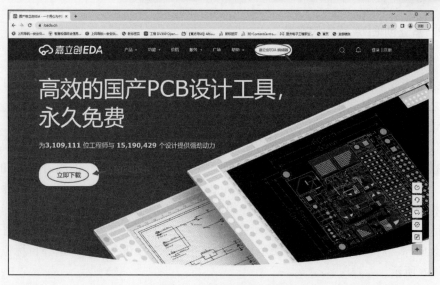

嘉立创EDA
产品
功能
价格
服务
广场
帮助
登录 | 注册
高效的国产PCB设计工具，
永久免费
为3,109,111 位工程师与 15,190,429 个设计提供强劲动力
立即下载

图 1-1　嘉立创 EDA 官网

嘉立创EDA
产品
功能
价格
服务
广场
帮助
登录 | 注册
客户端下载
客户端版本
嘉立创EDA专业版
嘉立创EDA标准版
Windows
Intel/AMD(amd64)：lceda-pro-windows-x64-1.9.29.exe
Linux
Mac
文档下载

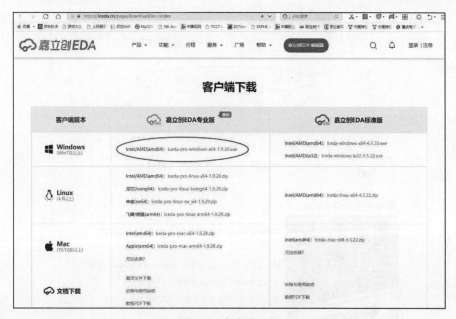

图 1-2　客户端下载

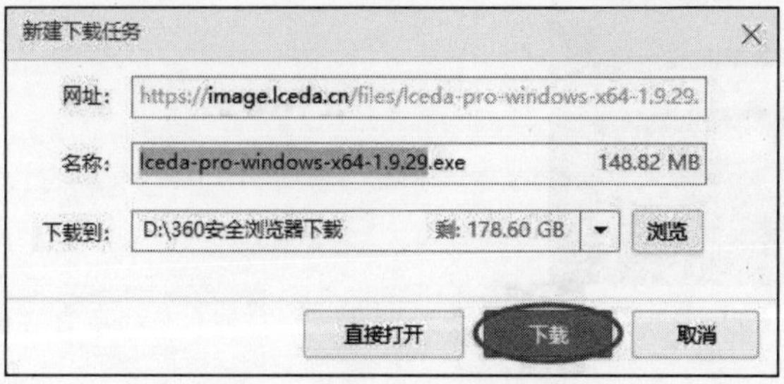

新建下载任务
网址：
https://image.lceda.cn/files/lceda-pro-windows-x64-1.9.29.
名称：
lceda-pro-windows-x64-1.9.29.exe
148.82 MB
下载到：
D:\360安全浏览器下载
剩：178.60 GB
浏览
直接打开
下载
取消

图 1-3　下载

1.2.2 嘉立创 EDA 软件的安装

安装客户端须知：

- 之前未安装过测试版的，可直接安装。
- 之前安装过测试版的，建议先卸载旧版本再安装，避免缓存影响。
- 请确保你的计算机有显卡，独立显卡更好。
- 仅支持 64 位，不支持 XP 系统。
- 推荐计算机配置：2017 年后的计算机和显卡，CPU i5，内存 8GB，1080P 的显示屏。

（1）进入下载文件夹，双击 lceda-pro-windows-x64-1.9.29.exe 安装包进行软件安装，提示"现在将安装嘉立创 EDA（专业版）。你想继续吗？"单击 Y 按钮，弹出"选择安装程序模式"对话框，如图 1-4 所示，单击"为所有用户安装（A）"，弹出"欢迎使用嘉立创 EDA（专业版）安装向导"对话框，如图 1-5 所示，单击"下一步"按钮，弹出"选择目标位置"对话框，如图 1-6 所示。

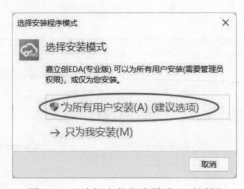

图 1-4 "选择安装程序模式"对话框

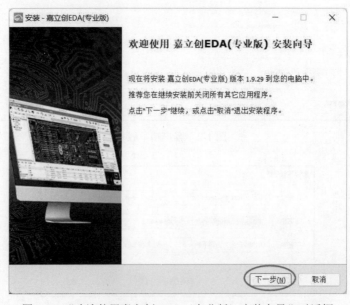

图 1-5 "欢迎使用嘉立创 EDA（专业版）安装向导"对话框

（2）软件安装路径默认为 C:盘，可以保持默认也可以修改为 D:盘，效果是一样的，具体要根据你的硬盘空间来决定，根据个人习惯选择合适的安装位置，选择无误后单击"下一步"按钮，弹出"选择开始菜单文件夹"对话框，如图 1-7 所示。

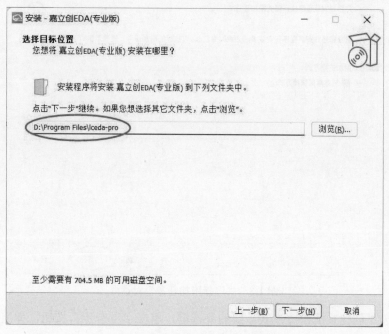

图 1-6　"选择目标位置"对话框

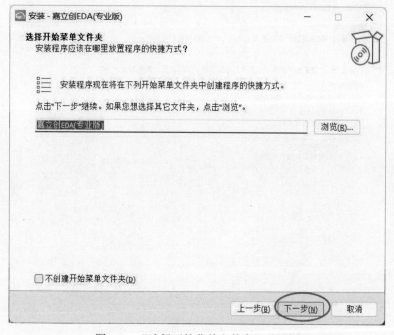

图 1-7　"选择开始菜单文件夹"对话框

（3）如果不创建开始菜单文件夹，则勾选前面的复选框；要创建嘉立创 EDA（专业版）

文件夹，则直接单击"下一步"按钮，弹出"选择附加任务"对话框，如图 1-8 所示。

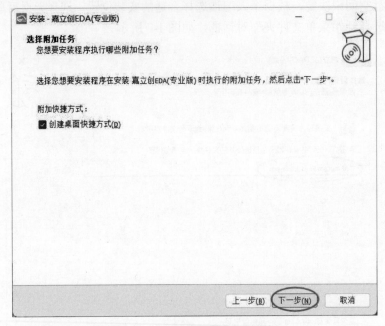

图 1-8　"选择附加任务"对话框

（4）勾选"创建桌面快捷方式"前的复选框，单击"下一步"按钮，弹出"准备安装"对话框，如图 1-9 所示。

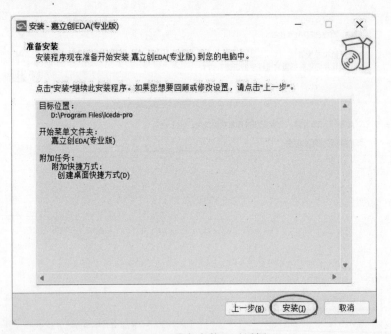

图 1-9　"准备安装"对话框

（5）对话框中显示了目标位置、开始菜单文件夹、附加任务，如果要修改以上信息，则单击"上一步"按钮，否则单击"安装"按钮，开始安装嘉立创 EDA（专业版）软件，弹出嘉立创 EDA（专业版）安装进度对话框，如图 1-10 所示。

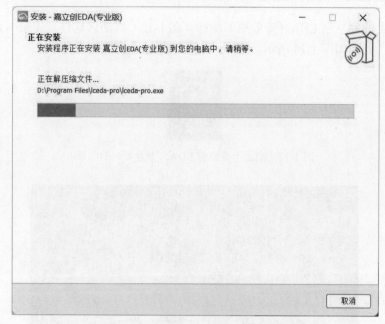

图 1-10　嘉立创 EDA（专业版）安装进度对话框

（6）安装需要几分钟，安装完后弹出"嘉立创 EDA（专业版）安装完成"对话框，如图 1-11 所示，如果要立即运行嘉立创 EDA（专业版），则勾选前面的复选框后单击"完成"按钮。

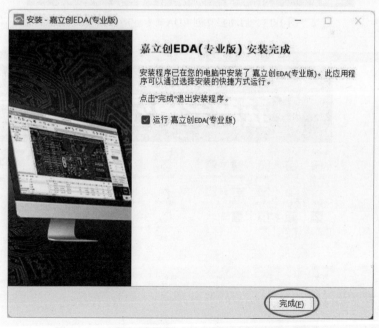

图 1-11　"嘉立创 EDA（专业版）安装完成"对话框

1.2.3　嘉立创 EDA 软件的注册

双击桌面上的嘉立创 EDA（专业版）图标（图 1-12）启动该软件，如图 1-13 所示，很快软件启动成功，界面如图 1-14 所示。

图 1-12　桌面上嘉立创 EDA（专业版）的图标

图 1-13　启动嘉立创 EDA（专业版）软件

图 1-14　嘉立创 EDA（专业版）软件界面

首次使用该软件需要注册，单击图 1-14 顶部的"注册"按钮，弹出"统一登录认证平台"窗口，如图 1-15 所示。

图 1-15　"统一登录认证平台"窗口

单击"免费注册"按钮，弹出"用户注册"窗口，如图 1-16 所示。根据提示完善信息，勾选"我已看过并同意《服务条款》和《隐私条款》"前的复选框，单击"注册"按钮，完成注册。

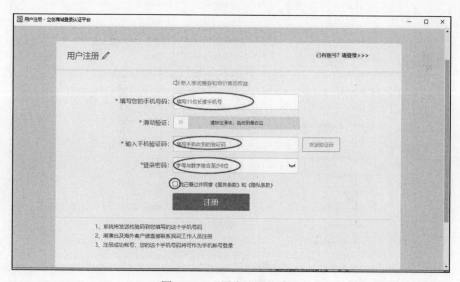

图 1-16　"用户注册"窗口

1.2.4　加载激活文件

激活文件免费下载地址为 https://lceda.cn/page/desktop-client-activation。

第一次打开客户端会弹窗提示激活，把下载的激活文件导入或者粘贴内容进去即可，如图 1-17 所示。

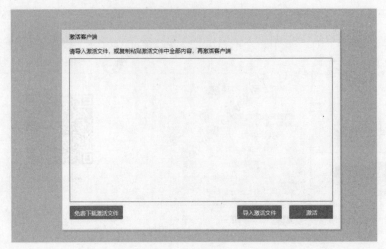

图 1-17 激活界面

激活后，激活文件会存放在数据存储目录"此电脑/Documents/LCEDA-Pro"中，查看设置的默认工程存放路径可以找到，如图 1-18 所示。手动删除即可移除激活状态。

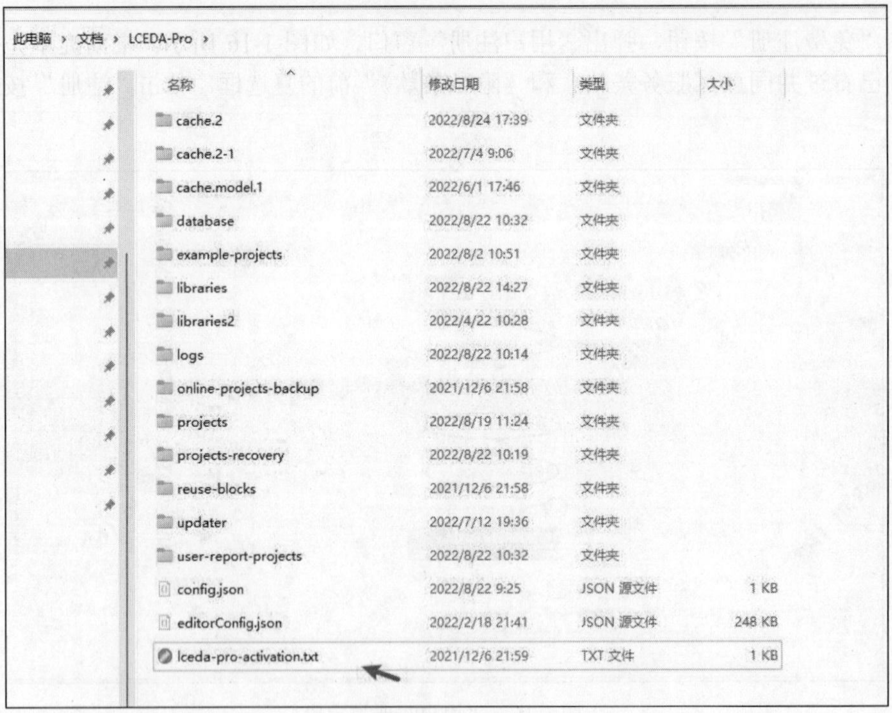

图 1-18 激活文件存放路径

注意：①激活文件免费下载，不需要破解，正版授权，注册后即可下载；②激活文件包含你的账号信息，请不要对外公开，妥善保管；③激活文件不可修改，修改后导入无法激活。

1.2.5 嘉立创 EDA 软件的登录

在嘉立创 EDA（专业版）软件界面的顶部单击"登录"按钮，弹出"统一登录认证平台"窗口，如图 1-19 所示，登录有 3 种方式：微信登录、账户登录、手机登录，根据自己的喜好选择一种即可。

图 1-19　登录界面

1.3　设置运行模式

导入激活文件（或登录成功）后即可打开客户端界面，单击右上角的"齿轮"图标或开始页的"设置"图标来设置运行模式。

右上角齿轮设置如图 1-20 中的①所示；开始页设置按钮如图 1-20 中的②所示。单击齿轮图标，弹出运行模式设置对话框，如图 1-21 所示。

图 1-20　设置运行模式

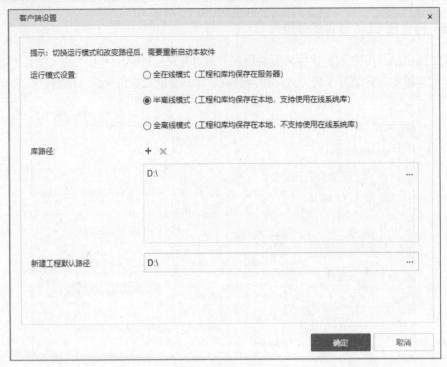

图 1-21 运行模式设置

嘉立创 EDA 专业版客户端支持以下三大运行模式：

（1）全在线模式：需要登录，库和工程都存在云端，支持团队协作；数据全部存储在云端服务器；支持自动备份云端工程到本地，编辑器会根据设置的备份间隔把工程压缩包备份在该文件夹下。

（2）半离线模式：不需要登录，库和工程都存在本地，不支持协作，支持使用云端系统库。推荐使用该模式。

（3）全离线模式：不需要登录，库和工程都存在本地，不支持协作，不支持使用云端系统库。

熟悉嘉立创 EDA
（专业版）使用界面

1.4 熟悉嘉立创 EDA 使用界面

嘉立创 EDA 专业版提供多个现代简约易用的界面，如启动成功界面（图 1-22）、原理图编辑界面、PCB 编辑界面、原理图库编辑界面、PCB 库编辑界面等，通过这些界面可以很方便地找到常用的功能入口，完成相应的设计任务。各个界面的整体布局都是一样的，比如最上边是顶部菜单、由一些漂亮图标组成的顶部工具栏，最左边是导航菜单栏，最右边是属性面板，中间是编辑区画布，其他编辑界面在相应章节进行介绍，这里主要介绍启动成功界面。

图 1-22　启动成功界面

1.4.1　顶部菜单

提供左上角的顶部菜单和右上角的用户菜单。

左上角的顶部菜单如图 1-23 所示，包含文件、视图、下单、设置、帮助、直播答疑等下拉菜单。每个下拉菜单都完成相应的功能，如文件包含新建、迁移标准版、打开工程等下拉菜单；"文件"的下拉菜单"新建"又包含下一级菜单，如工程、元件、封装等。用户通过顶部菜单的一级套一级的下拉菜单可以完成相应的功能。

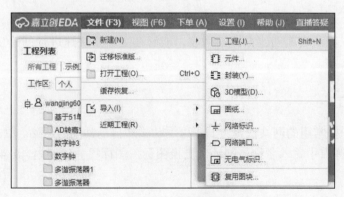

图 1-23　顶部菜单

右上角的用户菜单支持打开个人中心、工作区和退出登录，头像左侧可以切换编辑器语言和工作区。

1.4.2　工程列表

嘉立创 EDA 专业版的左侧面板用于显示当前用户的所有工程和示例工程。所有工程包括加入的团队工程和个人工程，双击可打开工程；示例工程包含面板打印设计、快速入门、3D

外壳设计等内容，帮助用户了解嘉立创 EDA 专业版功能；工程列表支持工程右键菜单等操作，如图 1-24 所示。

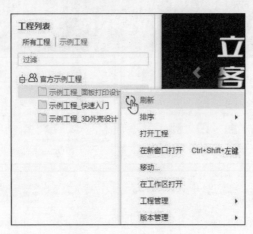

图 1-24　官方示例工程

1.4.3　轮播图

轮播图区域轮播显示相应的提示内容。

1.4.4　专业版教程及特色功能的链接

右上侧图标是专业版快速上手教程及特色功能快览的链接，单击相应的图标可以跳转到嘉立创 EDA 专业版的视频教程及特色功能快览的文字使用教程中。

1.4.5　快捷入口

编辑器中间左侧是快速创建方式的列表，能够在主页中快速进行创建工程、新建符号、新建器件等操作。

1.4.6　快捷方式

中间右侧是一些常用的网站快捷方式，可手动添加自己常用的网站。单击⊞添加网站，如图 1-25 所示。在弹窗中输入名称、网址，更换图标。图标尺寸建议为 48×48px，尺寸过大载入图标会显示错误。

1.4.7　最近设计

底部面板用于显示最近设计的工程、符号、封装、复用图块，双击可打开相应的工程。

1.4.8　消息区

编辑器主页右下角用于显示嘉立创 EDA 专业版公布的一些信息。

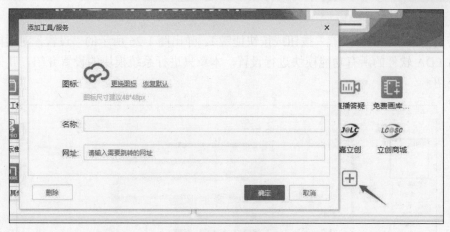

图 1-25　添加网站

1.5　嘉立创 EDA 专业版文件类型介绍

嘉立创 EDA 标准版的文件类型后缀基本都是 json，而嘉立创 EDA 专业版扩展了很多文件类型，不再使用 json 后缀存储工程文档。专业版专属文件类型如表 1-1 所示。

表 1-1　嘉立创 EDA 专业版专属文件类型

文件后缀	文件类型	说明
zip	压缩包文件	工程压缩包、Gerber 压缩包、PDF 压缩包等，具体需要看文件名前缀
elib	离线客户端元件库文件	里面存放了各种库文件，如器件、符号、封装等
eprj	离线客户端工程文件	是客户端专用的工程文件，可以直接被客户端离线模式打开
efoo	封装文件	工程压缩包内的封装库文件
esym	符号文件	工程压缩包内的符号库文件
epan	面板文件	工程压缩包内的面板文件
esch	原理图文件	工程压缩包内的原理图文件
epcb	PCB 文件	工程压缩包内的 PCB 文件
ecop	铺铜文件	工程压缩包内铺铜的路径文件
eins	实例值文件	工程压缩包内原理图的实例值属性的存储文件
efon	字体文件	工程压缩包内 PCB 字体的路径文件
epanm	面板制造文件	面板导出的面板制造文件
enet	网表文件	原理图导出的嘉立创 EDA 专业版网表文件
json	配置文件	编辑器导出的各种配置文件，具体看文件名前缀

1.6　嘉立创 EDA 个人（参数）设置

嘉立创 EDA 专业版的个人设置同步至服务器，无论你在哪个浏览器登录都可以自动同步下来，减少多次配置的操作。

单击快捷入口内的"设置"按钮或按快捷键 I，弹出图 1-26 所示的"设置"对话框，在这里可以对 EDA 软件的所有功能模块进行设置，本章只进行系统模块的设置介绍，其他设置在第 5 章介绍。

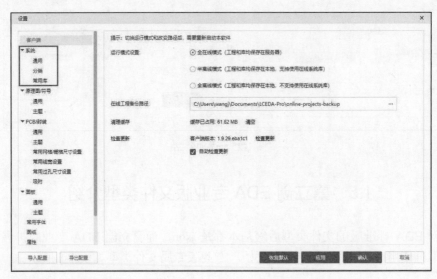

图 1-26　"设置"对话框

1.6.1　系统模块通用设置

单击"通用"图标，如图 1-27 所示。

图 1-27　通用设置

功能说明：

（1）符号库管理有两个单选项：简易模式——建符号库时用该模式标准版建库交互，简单易上手；专业模式——支持符号复用。默认简易模式。

（2）双击工程：新建窗口打开工程——双击工程时在新建窗口打开工程，默认该模式；当前窗口打开工程——双击工程时在当前窗口打开工程。

（3）工程库重名：允许重名——为了解决导入第三方 EDA 文件时库可能重名但是库内容不一致的问题（图形有部分差异等），默认允许重名，允许重名后也可以减少导出 BOM 时元件被拆分多行的问题；自动重命名——自动重命名则根据导入的名称和图元形状自动区分，名称后面加数字区分名称相同但是图形有差异的元件。

（4）画布缩放：默认鼠标滚轮缩放，可根据个人喜好修改为 Ctrl+滚轮缩放。在绘制过程中长按鼠标右键移动画布，绘制时默认单击右键取消绘制。

（5）鼠标中键拖动：可以设置鼠标中键按下拖动时的类型，可以设置为拖动画布或缩放画布。

（6）面板自动收起：支持设置左侧面板、右侧面板、底部面板是否自动收起，设置后打开面板后 3 秒钟会自动收起。面板显示模式有两种：停靠模式、收起模式。停靠模式指的是面板以纵向或底部的方式停靠在设计窗口的一侧；收起模式指的是面板以弹出的方式出现于设计窗口，当鼠标单击位于设计窗口边缘的按钮时收起的面板弹出，当鼠标光标移开后弹出的面板窗口又收起回去，如图 1-28 所示。这两种不同的面板显示模式可以通过面板上的两个按钮互相切换。

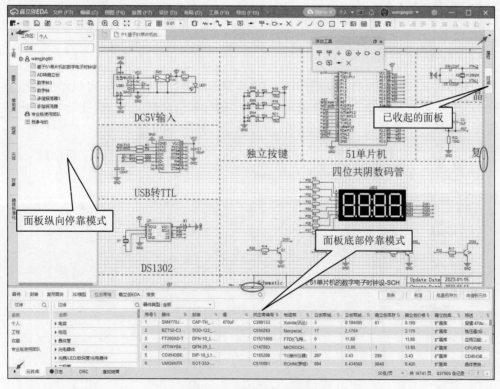

图 1-28　面板的停靠模式

：面板停靠模式。

：面板收起模式。

通过单击这两个图标可以实现面板显示模式的切换。

：单击该图标可以打开或收起面板。

（7）放置更新的器件：当元件库中的库有更新，但工程库是之前放置的版本，在元件库再次放置时，会检测工程库的更新时间。

● 显示更新提示弹窗：元件库和工程库的元件更新时间有差异，弹窗提示，如图 1-29 所示。

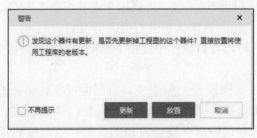

图 1-29　弹窗提示

● 不显示更新提示弹窗（使用工程库）：元件库和工程库的元件更新时间无论是否有差异都不弹窗，默认使用工程库模板，如果需要更新工程库，可以在设计菜单中进行更新。

（8）显示符号/封装更新对话框与提示：勾选后每次更新符号或封装都会弹出提示框。

1.6.2　系统模块分类设置

为了对器件、符号、封装、复用图块、3D 模型库等进行分类管理，可以添加一级分类、二级分类，也可以对已添加的一级分类和二级分类进行编辑和删除。按快捷键 I，弹出下拉菜单，选择"系统"→"分类"，弹出分类设置对话框，如图 1-30 所示。

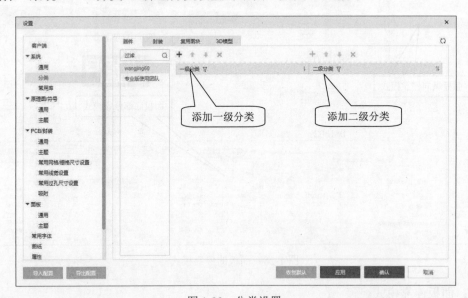

图 1-30　分类设置

本 章 小 结

本章介绍了嘉立创 EDA（专业版）软件的下载、安装、激活，运行模式设置，软件的使用界面及个人参数的设置，左右及底部面板的停靠收起方法。随着时间的推移，相信会有更多的新功能被推出以满足工程师们的需求。作为电子设计工程师，应当不断学习和体验软件推出的新功能，提高设计效率。同时，虽然软件在不断更新换代，但基本功能还是大同小异的，应该先打好基础，然后在此基础上去提高。

习 题 1

1. 完成嘉立创 EDA（专业版）的安装、注册、激活和登录。

2. 打开官方示例工程，如图 1-31 所示，查看 3 个示例工程，了解嘉立创 EDA（专业版）的功能。

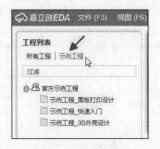

图 1-31　示例工程

3. 熟悉嘉立创 EDA（专业版）面板显示模式：停靠模式、收起模式，并能熟练地切换停靠、收起模式；打开示例工程-快速入门，设置左右和底部面板都处于停靠模式，如图 1-32 所示，然后单击 按钮把这 3 个面板都切换为收起模式。

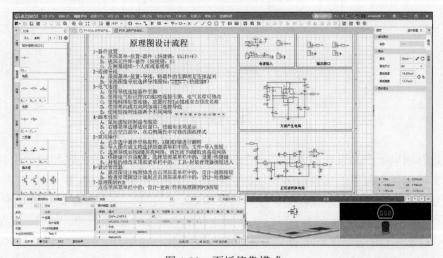

图 1-32　面板停靠模式

第2章　多谐振荡器的原理图设计

本章通过一个简单的案例来讲解如何在嘉立创 EDA 中创建一个电路工程文件，完成电路原理图图纸的创建与电路图的绘制，如何检查电路原理图中的错误。任务中将以多谐振荡器电路为例进行相关知识点的介绍，多谐振荡器电路原理图如图 2-1 所示。通过本章的学习，设计者能进行简单原理图的绘制，了解原理图模块的基本功能。涵盖以下主题：

- 创建工程。
- 绘制原理图。
- 原理图的检查。

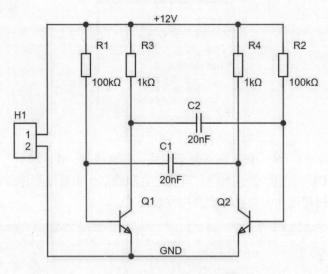

图 2-1　多谐振荡器电路原理图

2.1 工 程 介 绍

工程是每项电子产品设计的基础，一个工程包括所有文件之间的关联和设计的相关设置。一个工程文件包括工程里的文件和输出的相关设置，如原理图文件、PCB 图文件、各种报表文件、保留在工程中的所有库或模型、打印设置和 CAM 设置。一个工程文件类似于 Windows 系统中的"文件夹"，在工程文件中可以执行对文件的各种操作，如新建、打开、关闭、复制、删除等。但需要注意的是，工程文件只是起到管理的作用，在保存文件时工程中的各个文件是以单个文件的形式保存的。

2.2 创建一个新工程

一般情况下是先建立工程，再创建原理图。嘉立创 EDA 分为浏览器版本和客户端版本，这里介绍的原理图设计是在客户端版本中进行的。启动嘉立创 EDA 专业版，启动成功界面如图 2-2 所示，在全在线模式下使用。

图 2-2　专业版编辑界面

双击"新建工程"按钮，弹出"新建工程"对话框，如图 2-3 所示。"归属"选择个人，在"名称"文本框中输入工程的名称，如"多谐振荡器"；"工程链接"栏显示该工程保存在云端的路径，后面的名称用工程名称的拼音表示；"描述"栏添加对该工程的描述，输入"第 1 个案例"，如图 2-4 所示，单击"保存"按钮，进入原理图及 PCB 图编辑界面，如图 2-5 所示。

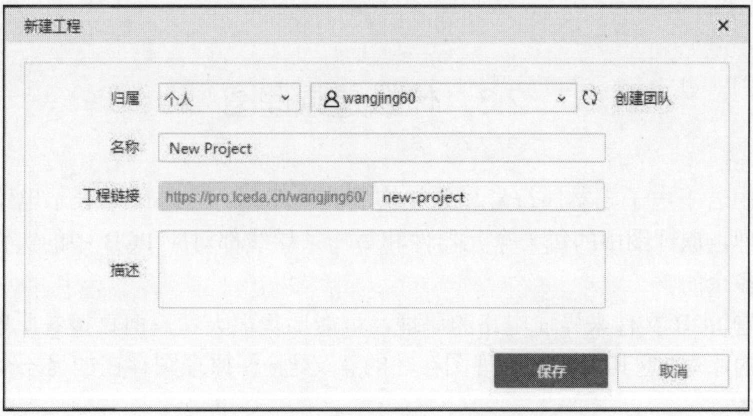

图 2-3　"新建工程"对话框

图 2-4　新建工程命名

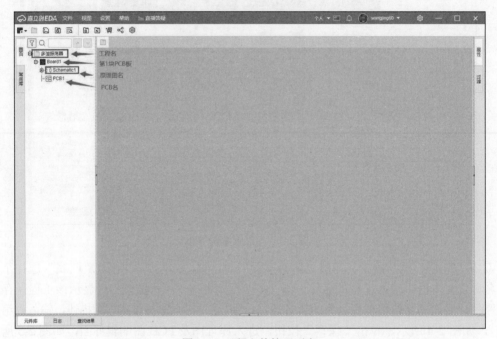

图 2-5　工程文件管理列表

2.3　什么是原理图

原理图是由若干电子元器件符号和导线构成的电路图。它是用来表示电路原理的，但也不仅仅表示原理，原理图中的每一个元器件和每一条导线都对应 PCB 中的实物元器件和实物导线，都不是多余的。

如果直接看 PCB 文件来弄懂电路的原理，可能要费很大劲，但直接看原理图即可非常直观地了解电路的原理。这其实就是原理图存在的意义之一。原理图存在的另一个意义是为 PCB 设计做前期准备。

在原理图中，会有电阻、电容以及电路所需的各种电子元器件的电气符号。这些电子元件符号，可以通过导线直接连接，也可以通过网络标号、总线等方式间接连接。导线工具是最基本的连接电子元器件引脚的工具，如果不方便使用导线连接，则可以借助其他的连接方式。但是，不管你采用什么样的连接方式，最终在 PCB 文件中都会变成导线。

需要注意的是，在画原理图之前，应根据需求规划好你的电路板，比如需要用到哪些元件、这些元件该如何连接，这些问题要做到心中有数。软件只是辅助表达你的思想，就好像，你是一位作家，你书中的内容，是你的思想设计的，而不是 Word 软件设计的。不过，借助一款优秀的软件，可以更好地完成我们的设计，多数情况下它还可以帮助我们修正设计。

设计者可以简单地理解为原理图中不仅包含"元件符号"和"导线"，还可以根据需要添加必要的说明文字，对电路或功能进行解释。

2.4　原理图编辑器

原理图编辑器界面如图 2-6 所示。界面非常干净，中间是原理图绘制区域，上边是顶部菜单栏、工具栏，左边是导航菜单，右边是属性面板，还有一个悬浮窗口"电气工具"。

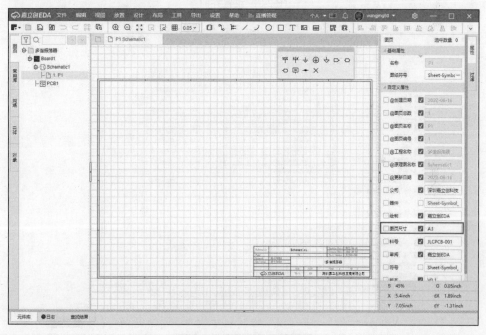

图 2-6　原理图编辑器界面

原理图图纸的大小可以根据电路的规模进行设置，默认创建的图纸大小为 A3，在本项目中使用 A5 即可，修改原理图图纸尺寸的方法如下：

（1）在顶部菜单栏中执行"设置"→"图纸"命令，弹出"设置"对话框，如图 2-7 所示。单击 ⋯ 图标进入"选择图纸"对话框，选择系统图纸库，这里选择 Sheet-Symbol_A5，单击"确认"按钮返回设置界面，图纸模板变为 Sheet-Symbol_A5，如图 2-8 所示。

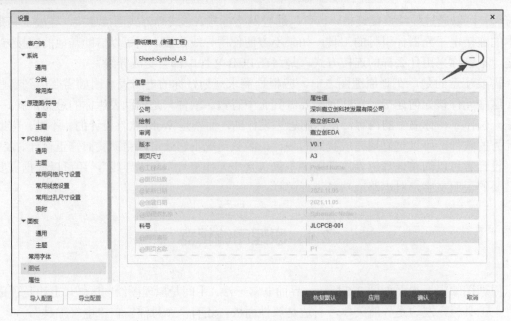

图 2-7　设置界面

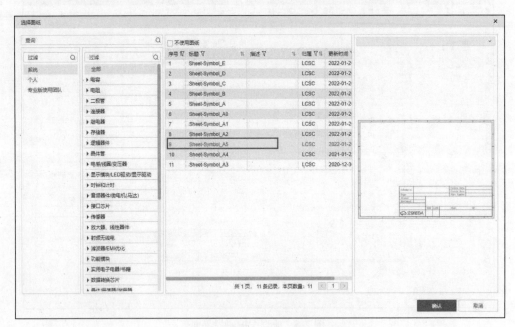

图 2-8　选择 Sheet-Symbol_A5

（2）执行"视图"→"适合全部"命令，即可显示全部图纸幅面。

2.5　绘制原理图

本书使用图 2-1 所示的电路，这个电路用了两个 S8050 三极管来完成自激多谐振荡器。为了管理数量巨大的元器件库，嘉立创 EDA 电路原理图编辑器提供了强大的海量在线库搜索功能。本例需要的元器件可以在"常用库"中找到,所以直接在这个库中放置元器件即可。如何从强大的海量在线库搜索元器件将在第 7 章介绍。

2.5.1　在原理图中放置元件

1. 从"常用库"中放置两个三极管 Q1 和 Q2

(1) 选择"视图"→"适合全部"命令,确认设计者的原理图图纸显示在整个窗口中。

(2) 单击"常用库"显示"常用库"面板,如图 2-9 所示。

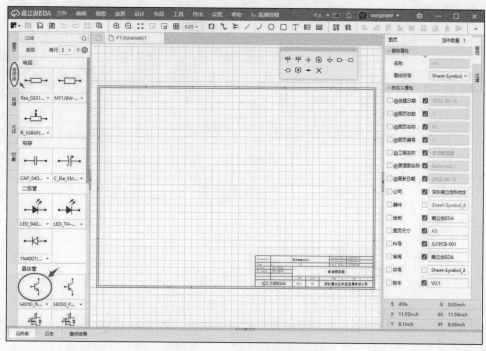

图 2-9　"常用库"面板

(3) Q1 和 Q2 是型号为 S8050 的三极管,在常用库中找到 S8050,在元器件右下角有一个小三角符号,单击 ﹀ 符号,弹出该器件的所有封装符号,如图 2-10 所示,根据设计者的需要选择封装,SOT-23 是一种贴片式结构的器件封装,TO-92 是一种直插式的器件封装,封装不同,实际元器件的实物样式也不同。在此我们选择 TO-92 这个封装。

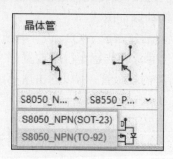

图 2-10　选择封装

(4) 选中封装后在常用库中单击 S8050,鼠标移动到原理图编辑器,光标将变成十字状,并且在光标上"悬浮"着一个三极管的轮廓。现在设计者处于元件放置状态，如果设计者移动光标，三极管轮廓也会随之移动，在合适的位置单击鼠标左键即可放置 Q1，如图 2-11 所示。

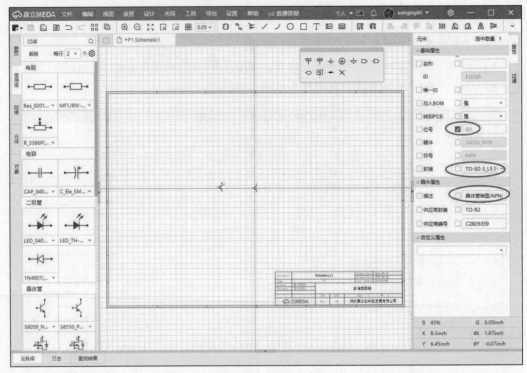

图 2-11　放置元件

（5）移动光标，设计者会发现三极管的一个复制品已经被放在原理图图纸上了，而设计者仍然处于在光标上悬浮着元件轮廓的元件放置状态，嘉立创 EDA 的这个功能让设计者可以放置许多相同型号的元件。现在就来放置第二个三极管，在设计者放置一系列元件时嘉立创 EDA 会自动增加一个元件的序号值，在这个例子中我们放下的第二个三极管会自动标记为 Q2。

（6）如果设计者查阅原理图（图 2-1），会发现 Q2 与 Q1 是镜像的。将悬浮在光标上的三极管翻转过来的方法是，按 X 键使元件水平翻转，按 Y 键使元件垂直翻转。

（7）移动光标到 Q1 右边的位置。要将元件的位置放得更精确些，按鼠标滚轮可以放大或缩小原理图，按鼠标右键可以拖动原理图。

（8）设计者确定好元件的位置后左击放下 Q2，设计者所拖动的三极管的一个复制品再一次放在原理图上，下一个三极管会悬浮在光标上准备放置。

（9）因为我们已经放完了所有的三极管，所以右击鼠标或按 Esc 键来退出元件放置状态，光标会恢复到标准箭头。

2. 放置 4 个电阻

（1）在"常用库"面板中，选择电阻，查看电阻的封装，有贴片元件和直插元件，如图 2-12 所示，根据设计者的需要选择封装，这里选择直插元件功率 1/4W 的封装（Res_AXIAL-1/4W）。

（2）在"常用库"面板中，单击电阻符号，鼠标移动到原理图编辑器，光标上"悬浮"着一个电阻的轮廓，按空格键将电阻旋转 90°。

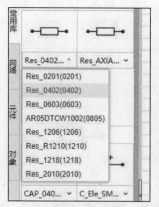

图 2-12　电阻封装（左边贴片元件，右边直插元件）

（3）将电阻放在 Q1 基极的上边（参见图 2-1）后左击放下元件，接着在 Q2 的基极上边放另一个电阻 R2，继续放置 R3 和 R4，放完所有电阻后右击或按 Esc 键退出元件放置模式。

（4）选中电阻 R1，在属性面板中将电阻的值改为 100kΩ，如图 2-13 所示，用同样的方法将电阻 R2 的值改为 100kΩ，R3 和 R4 的值改为 1kΩ。

图 2-13　属性面板

（5）放置的电阻只显示了位号、阻值，如果还想显示其他属性，在属性面板的对应栏勾选即可。想查看电阻的封装，在属性面板的封装栏中单击 ⋯ 图标，弹出"封装管理器"对话框，如图 2-14 所示，即可查看放置好的元器件封装，单击"取消"按钮可关闭"封装管理器"对话框。

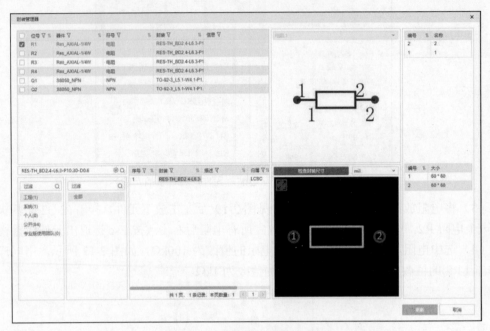

图 2-14 "封装管理器"对话框

（6）如果 4 个电阻排列不整齐，可以选中这 4 个电阻（同时按 Ctrl+鼠标左键），再单击工具栏中的对齐图标（⊤ 顶部对齐，⊥ 底部对齐）或者执行"布局"→"对齐"→"顶部（底部）对齐"命令，如图 2-15 所示；执行"布局"→"分布"→"水平等距分布"命令可以让 4 个电阻水平等间距分布，如图 2-16 所示。

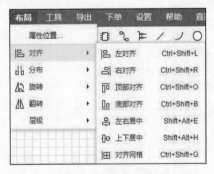

图 2-15 对齐工具

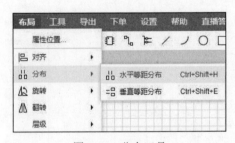

图 2-16 分布工具

（7）参照原理图调整 R1～R4 的位置。

3. 放置两个电容

（1）在"常用库"面板上查看电容的封装，只有贴片元件的封装，设计者根据需要选择封装，这里选择 0805 的封装。

（2）在"常用库"面板中，单击电容符号，鼠标移动到原理图编辑器，光标上"悬浮"着一个电容的轮廓，在合适的位置按鼠标左键放置电容 C1 和 C2，放好后右击或按 Esc 键退出放置模式。

（3）选中 C1，在属性面板中将 C1 的值改为 20nF，同样的方法将 C2 的值改为 20nF。

4．放置连接器

（1）在"常用库"面板上查看连接器的封装，如图 2-17 所示，这里选择一个 2 插件（HDR-F_2.54_1×2P）的封装。

（2）单击选中的插件符号，鼠标移动到原理图编辑器，光标上"悬浮"着一个插件的轮廓，按 X 键使元件水平翻转，在合适的位置按鼠标左键放置插件，放好后右击或按 Esc 键退出放置模式。

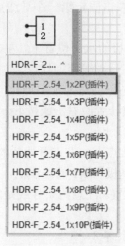

图 2-17　连接器的种类

（3）选择"文件"→"保存"命令保存设计者的原理图。

现在已经放完了所有的元件，元件的摆放如图 2-18 所示，可以看出元件之间留有间隔，这样就有大量的空间用来将导线连接到每个元件的引脚上。

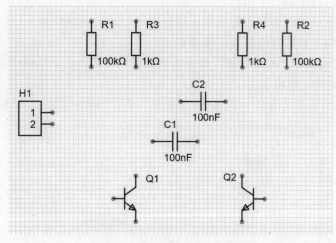

图 2-18　元件摆放完后的原理图

如果设计者需要移动元件，鼠标左击并拖动元件体，拖到需要的位置放开鼠标左键即可。

2.5.2　连接电路

在设计者的电路中连线起着在各种元器件之间建立连接的作用。要在原理图中连线，参照图 2-1 所示并完成下述步骤。

为了使电路图清晰，使用鼠标的滑轮可以进行放大或缩小；如果要查看全部视图，则执行"视图"→"适合全部"命令。

1. 将电阻 R1 与三极管 Q1 的基极连接起来

（1）选择"放置"→"导线"命令或者在工具栏中单击 按钮进入连线模式，光标将变为十字形状并悬浮一个连线标志。

（2）将光标放在 R1 的下端，左击固定第一个导线点，移动光标设计者会看见一根导线从光标处延伸到固定点。

（3）将光标移到 R1 下边 Q1 基极的水平位置上，左击在该点固定导线。第一个和第二个固定点之间的导线就放好了，连接好后导线变为红色。

完成了这根导线的放置，注意光标仍然为十字形状，表示设计者准备放置其他导线。要完全退出放置模式恢复箭头光标，设计者应右击或按 Esc 键。但是现在还不能这样做。

2. 将 C1 连接到 Q1 和 R1 的连线上

（1）将光标放在 C1 左边的连接点上，左击开始新的连线。

（2）水平移动光标一直到 Q1 基极与 R1 的连线上，左击放置导线段，然后右击或按 Esc 键，表示设计者已经完成该导线的放置。注意两条导线是怎样自动连接上的，前面连接好的导线变为绿色。

3. 参照图 2-1 连接电路中的剩余部分

在完成所有的导线后，鼠标右击或按 Esc 键退出放置模式，光标恢复为箭头形状。

2.5.3　网络与网络标签

彼此连接在一起的一组元件引脚的连线称为网络。如图 2-1 所示，一个网络包括 Q1 的基极、R1 的一个引脚和 C1 的一个引脚。

在设计中识别重要的网络是很容易的，设计者可以添加网络标签。

在两个电源网络上放置网络标签，步骤如下：

（1）选择"放置"→"网络标签"命令（快捷键 N）或者在工具栏中单击 按钮，一个带点的 NET1 框将悬浮在光标上。

（2）在放置网络标签之前应先编辑，按 Tab 键，弹出"网络标签"对话框，如图 2-19 所示。

图 2-19　"网络标签"对话框

（3）在"名称"文本框中输入+12V，单击"放置"按钮返回原理图。

（4）在原理图中，把网络标签放置在连线的上面，当网络标签跟连线接触时，连线颜色会变红，左击即可（注意网络标签一定要放在连线上）。

（5）放完第一个网络标签后，设计者仍然处于网络标签放置模式，在放第二个网络标签之前再按 Tab 键进行编辑，在"名称"文本框中输入 GND，单击"放置"按钮返回原理图，网络标签 GND 放在最下面的线上，如图 2-20 所示，右击或按 Esc 键退出放置网络标签模式。

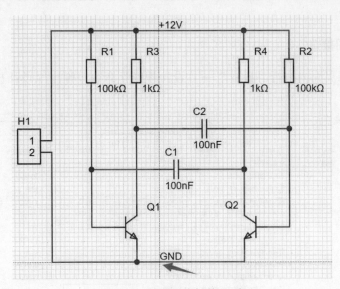

图 2-20　放置网络标签 GND

（6）执行"文件"→"保存"命令保存原理图。

2.5.4　元器件及导线位置的调整

如果原理图有某处画错了，需要删除，方法有以下两种：

● 选择"编辑"→"删除"命令，再选择需要删除的对象。

● 选择要删除的元件、连线、网络标签等，再按 Delete 键。

如果想移动某连线，则选择该线，按下鼠标左键不放，移到目的地放开鼠标左键。

如果想移动某元件，让连接该元件的连线一起移动，则选择该元件，按下鼠标左键不放，移到目的地放开鼠标左键。

2.5.5　放置电源及接地

对于原理图设计，嘉立创 EDA 在"电气工具"悬浮窗口中专门提供一种电源和接地的符号，是一种特殊的网络标签，可以让设计者比较直观地识别。

（1）单击⏚图标可以直接放置接地符号。

（2）单击℣图标可以直接放置电源符号。

（3）单击℣图标可以直接放置+5V 符号。

至此，设计者已经用嘉立创 EDA 完成了第一张原理图。在将原理图转为电路板之前，需要进行工程的检查。

2.6 原理图的检查

在设计完原理图之后、设计 PCB 之前，设计者可以利用软件自带的 DRC 功能对一些常规的电气性能进行检查，避免常规性错误和查漏补缺，为正确完整地导入 PCB 进行电路设计做准备。

2.6.1 原理图检查

在原理图编辑界面内执行"设计"→"设计规则"命令，弹出"设计规则"对话框，如图 2-21 所示。

图 2-21 "设计规则"对话框

检查项有网络、元件、复用图块。在相应的项（网络、元件、复用图块）下有对应设计规则，在"消息等级"栏有以下等级：

- 致命错误：对检查出来的结果提示严重错误并给予红色表示。
- 错误：对检查出来的结果进行错误提示并给予红色表示。
- 警告：对检查出来的结果只是进行警告并给予黄色表示。
- 提醒：对检查出来的结果只是进行提醒。

如果需要对某项进行检查，建议选择"致命错误"，这样比较明显并具有针对性，方便查找定位。

对于初学者建议设计规则检查设置默认值，单击"立即校验"按钮，弹出"立即校验"

对话框，如图 2-22 所示，设置好后单击"立即校验"按钮返回"设计规则"对话框，单击"确认"按钮，在屏幕的下方弹出校验结果，如图 2-23 所示。

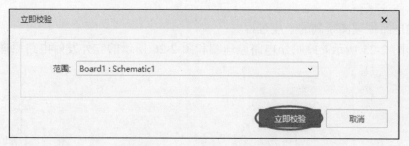

图 2-22　"立即校验"对话框

2022-06-20 15:13:43	[打开工程]：多谐振荡器
2022-06-20 15:50:20	[信息]：开始设计规则检查。
2022-06-20 15:50:20	[信息]：完成设计规则检查。致命错误：0，错误：0，警告：0，信息：0。

图 2-23　原理图检查成功没有错误

2.6.2　引入一个错误并重新检查

现在故意在电路中引入一个错误并重新检查一次原理图。

（1）在原理图中任意删除一根连接好的导线，这里删除 C1 左边的连线并保存。

（2）执行"设计"→"检查 DRC"命令，屏幕下方自动弹出检查结果，如图 2-24 所示，指出错误信息：C1.1 脚没有连接。

图 2-24　给出错误信息

（3）单击警告信息 C1.1，直接跳转到原理图相应位置去检查或修改错误。

（4）将删除的线段连通以后重新执行"设计"→"检查 DRC"命令，报告没有错误信息。

本 章 小 结

本章主要介绍了工程的含义、工程及原理图的创建、设计原理图的步骤：建立工程→设置原理图图纸尺寸→放置元器件→连接电路→设置网络标签→检查原理图。

习 题 2

1. 简述电路原理图绘制的一般过程。

2. 绘制图 2-25 所示的蜂鸣器电路原理图和图 2-26 所示的红外发射电路原理图，要求用 A4 的图纸。

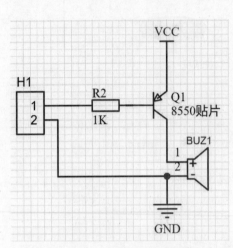

图 2-25　蜂鸣器电路原理图

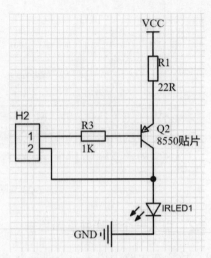

图 2-26　红外发射电路原理图

第3章　多谐振荡器 PCB 图的设计

任务描述

本章利用第2章所画的多谐振荡器电路原理图完成多谐振荡器印制电路板（PCB）的设计（图 3-1），介绍如何把原理图的设计信息更新到 PCB 文件中，如何在 PCB 中布局、布线，如何设置 PCB 图的设计规则，PCB 图的 3D 显示等。通过本章的学习，读者可初步了解 PCB 图的设计过程。涵盖以下主题：

- PCB 板的基础知识。
- 用封装管理器检查元件的封装。
- PCB 设计。

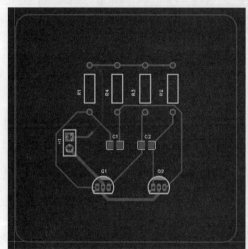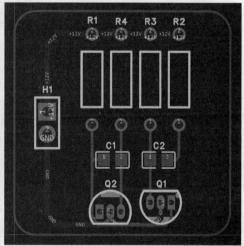

图 3-1　多谐振荡器的 PCB 图（两种布局布线效果）

3.1　印制电路板的基础知识

印制电路板的基础知识

　　将许多元器件按一定规律连接起来就组成了电子设备。大多数电子设备组成元器件较多，如果用大量导线将这些元器件连接起来，不但连接麻烦，而且容易出错。使用印制电路板可以有效解决这个问题。印制电路板（Printed-Circuit Board，PCB）是重要的电子部件，是电子元器件的支撑体，是电子元器件电气连接的载体。由于它是采用电子印刷术制作的，故又被称为"印刷"电路板，如图 3-2 所示。印制电路板的结构原理为：在塑料板上印制导电铜箔，用铜箔取代导线，只要将各种元器件安装在印制电路板上，铜箔就可以将它们连接起来组成一个电路。

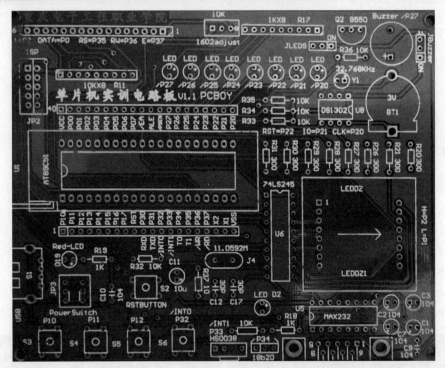

图 3-2　PCB 板

1. 印制电路板的种类

根据层数分类，印制电路板可分为单面板、双面板和多层板。

（1）单面板。单面印制电路板只有一面有导电铜箔，另一面没有。在使用单面板时，通常在没有导电铜箔的一面安装元器件，将元器件引脚通过插孔穿到有导电铜箔的一面，导电铜箔将元器件引脚连接起来就可以构成电路或电子设备。单面板成本低，但因为只有一面有导电铜箔，所以不适用于复杂的电子设备。

（2）双面板。双面板包括两层：顶层（Top Layer）和底层（Bottom Layer）。与单面板不同，双面板的两层都有导电铜箔，其结构示意图如图 3-3 所示。双面板的每层都可以直接焊接元器件，两层之间可以通过穿过的元器件引脚连接，也可以通过过孔实现连接。过孔是一种穿透印制电路板并将两层的铜箔连接起来的金属化导电圆孔。

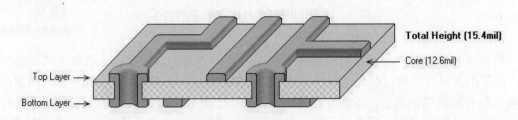

图 3-3　双面板示意图

（3）多层板。多层板是具有多个导电层的电路板。多层板的结构示意图如图 3-4 所示。它除了具有双面板一样的顶层和底层外，在内部还有导电层，内部层一般为电源或接地层，顶层和底层通过过孔与内部的导电层相连接。多层板一般是将多个双面板采用压合工艺制作而成的，适用于复杂的电路系统。

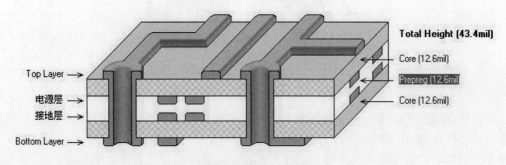

图 3-4　多层板示意图

2．元器件的封装

印制电路板是用来安装元器件的，而同类型的元件，如电阻，即使阻值一样，也有大小之分。因而在设计印制电路板时，就要求印制电路板上大体积元件焊接孔的孔径要大、距离要远。为了使印制电路板生产厂家生产出来的印制电路板可以安装大小和形状符合要求的各种元件，要求在设计印制电路板时，用铜箔表示导线，用与实际元件形状和大小相关的符号表示元件。这里的形状与大小是指实际元件在印制电路板上的投影，这种与实际元件形状和大小相同的投影符号称为元件封装。例如，电解电容的投影是一个圆形，那么其元件封装就是一个圆形符号。

按照元器件的安装方式，元器件封装可以分为直插式和表面粘贴式两大类。

典型直插式元件封装外形及其 PCB 板上的焊接点如图 3-5 所示。直插式元件焊接时先要将元件引脚插入焊盘通孔中，然后再焊锡。因为焊点过孔贯穿整个电路板，所以其焊盘中心必须有通孔，焊盘至少占用两层电路板。

图 3-5　穿孔安装式器件外形及其 PCB 焊盘

典型表面粘贴式封装的 PCB 图如图 3-6 所示。此类封装的焊盘只限于表面板层，即顶层或底层，采用这种封装的器件的引脚占用板上的空间小，不影响其他层的布线，一般引脚比较多的器件常采用这种封装形式，但是这种封装的器件手工焊接难度相对较大，多用于大批量机器生产。

3．铜箔导线

印制电路板以铜箔作为导线将安装在电路板上的元器件连接起来，所以铜箔导线简称为导线。印制电路板的设计主要是布置铜箔导线。

与铜箔导线类似的还有一种线，称为飞线，又称预拉线。飞线主要用于表示各个焊盘的连接关系，指引铜箔导线的布置，它不是实际的导线。

图 3-6　表面粘贴式封装的器件外形及其 PCB 焊盘

4. 焊盘

焊盘的作用是在焊接元件时放置焊锡，将元件引脚与铜箔导线连接起来。焊盘的形式有圆形、方形和八角形，常见的焊盘如图 3-7 所示。焊盘有针脚式和表面粘贴式两种，表面粘贴式焊盘无须钻孔，而针脚式焊盘要求钻孔，它有过孔直径和焊盘直径两个参数。

图 3-7　常见的焊盘

在设计焊盘时，要考虑到元件形状、引脚大小、安装形式、受力及振动大小等情况。例如，如果某个焊盘通过电流大、受力大并且易发热，可设计成泪滴状焊盘（将在第 9 章介绍）。

5. 助焊膜和阻焊膜

为了使印制电路板的焊盘更容易粘上焊锡，通常在焊盘上涂一层助焊膜。另外，为了防止印制电路板不应粘上焊锡的铜箔不小心粘上焊锡，在这些铜箔上一般要涂一层绝缘层（通常是绿色透明的膜），这层膜称为阻焊膜。

6. 过孔

双面板和多层板有两个以上的导电层，导电层之间相互绝缘，如果需要将某一层和另一层进行电气连接，可以通过过孔实现。过孔的制作方法为：在多层需要连接处钻一个孔，然后在孔的孔壁上沉积导电金属（又称电镀），这样就可以将不同的导电层连接起来。过孔主要有穿透式和盲过式两种形式，如图 3-8 所示。穿透式过孔从顶层一直通到底层，而盲过式过孔可以从顶层通到内层，也可以从底层通到内层。

穿透式过孔　　　　　　盲过式过孔

图 3-8　过孔的两种形式

过孔有内径和外径两个参数，过孔的内径和外径一般要比焊盘的内径和外径小。

7. 丝印层

除了导电层外，印制电路板还有丝印层。丝印层主要采用丝印印刷的方法在印制电路板的顶层和底层印制元件的标号、外形和一些厂家的信息。

3.2　创建一个新的 PCB 文件

3.2.1　打开 PCB 文件

在将原理图设计转换为 PCB 设计之前，需要创建一个有最基本的板子轮廓的空白 PCB。

由于在第 2 章新建一个工程（多谐振荡器）时就自动建立了 Board1（板 1）的 Schematic1（原理图 1）及 PCB1（印制电路板 1），所以在屏幕左边导航的"图页"页面中双击 PCB1 即可打开 PCB1 图，如图 3-9 所示。

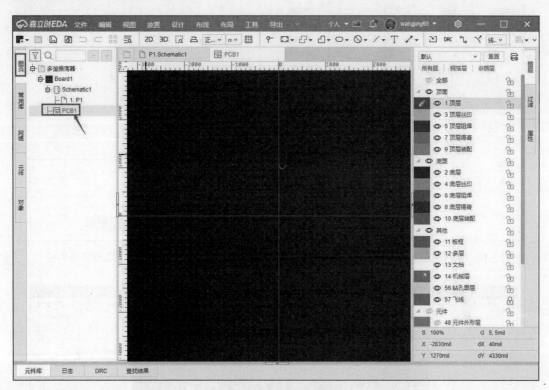

图 3-9　PCB 编辑器

3.2.2　自定义绘制板框

一些比较常见、简单的圆形或矩形规则板框可以通过执行菜单命令完成，例如建立一个边长 5cm 的正方形（倒圆角）。

（1）在菜单栏中将单位切换为公制（mm）。

（2）执行"放置"→"板框"→"矩形"命令或者单击工具栏中的　▼ 图标，鼠标上悬浮一个板框，在合适的位置单击鼠标左键确定板框的一个起点，移动鼠标显示板框的宽、高尺寸，尺寸大概合适后再次单击确定边框的第 2 个点，板框的准确尺寸可以通过属性面板修改，如图 3-10 所示。板框的尺寸也可以在放置板框时按 Tab 键修改。

（3）修改板框为圆角正方形，选中板框并右击，在弹出的快捷菜单（图 3-11）中选择"添加圆角"，弹出"输入值"对话框，如图 3-12 所示，在"倒角半径"文本框中输入 3mm，单击"确认"按钮。边框绘制完毕，如图 3-13 所示。

图 3-10　修改板框尺寸

图 3-11　右键快捷菜单

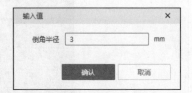

图 3-12　添加倒角半径

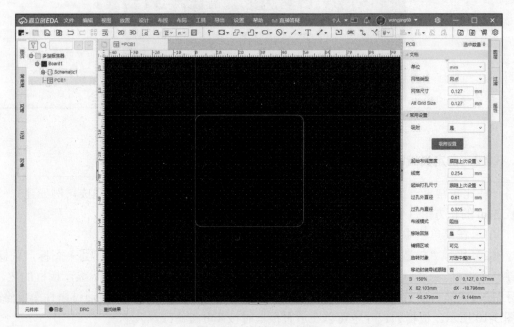

图 3-13　绘制 PCB 板框

注意：PCB 板的单位有英制（英寸、mil）和公制（米 m、厘米 cm、毫米 mm）两种。1 英寸=1000mil=2.54cm。

3.3　用封装管理器检查所有元件的封装

在将原理图信息导入到新的 PCB 之前，请确保所有与原理图和 PCB 相关的库都是可用的。本例设计者只是了解从原理图到 PCB 设计的流程，所以原理图中所有元器件的封装都用常用库内的封装。为了掌握用封装管理器检查所有元件封装的方法，设计者应执行以下操作：在原理图编辑器内，执行"工具"→"封装管理器"命令，弹出"封装管理器"对话框，如图 3-14 所示。在该对话框的元件列表区域显示了原理图内的所有元件。用鼠标左键选择每一个元件，当选中一个元件时，在对话框右边的封装管理编辑框内显示了该元件的封装，如果所有元件的封装检查完全正确，则单击"取消"按钮关闭对话框。

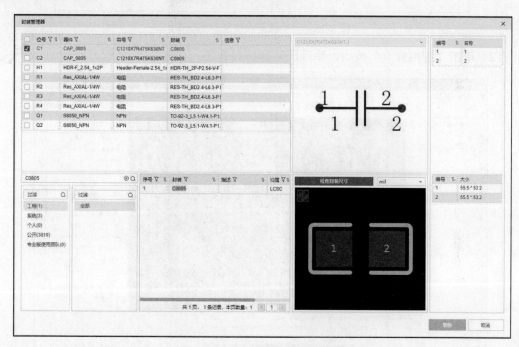

图 3-14　"封装管理器"对话框

3.4　原理图信息导入 PCB

在第 2 章已经对原理图进行了设计规则检查（DRC），确认在原理图中没有任何错误后就可以执行"设计"→"更新/转换原理图到 PCB"命令把原理图信息导入到目标 PCB 文件。

将工程中的原理图信息发送到目标 PCB 的步骤如下：

（1）打开原理图文件，执行"设计"→"更新/转换原理图到 PCB"命令，弹出"确认导入信息"对话框，如图 3-15 所示。

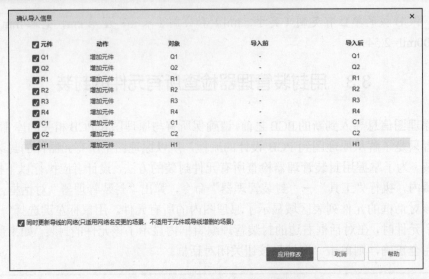

图 3-15　"确认导入信息"对话框

（2）单击"应用修改"按钮，原理图信息导入 PCB，如图 3-16 所示。

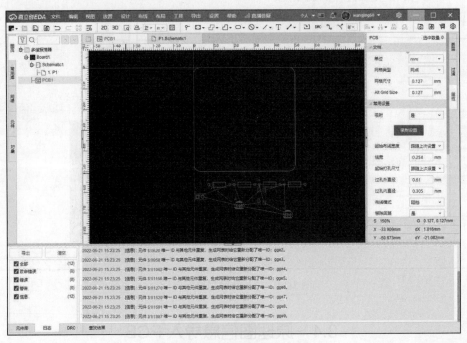

图 3-16　原理图信息导入 PCB

3.5　印刷电路板（PCB）设计

多谐振荡器的 PCB 设计

3.5.1　布局传递

布局传递是一个非常实用的功能。设计者在手动布局的时候，其实大部分情况下都会按照原理图的各个单元电路摆放位置在 PCB 中放置元器件。布局传递命令就可以实现一键把原理图中的布局传递到 PCB 中，使得单元电路的元器件都按照原理图中的相对位置摆放，不用设计者一个一个元器件寻找和拖拽，大大提高了布局效率。

在原理图中，选中所有要布局传递的元器件，这里选择除电阻以外的其他元器件，然后执行"设计"→"布局传递"命令（快捷键为 Ctrl+Shift+X），此时界面自动切换到 PCB 编辑器界面，刚刚被选中的元器件已经按照原理图中的位置附着在了光标上，如图 3-17 所示，在合适的位置单击即可把元器件放到 PCB 中。

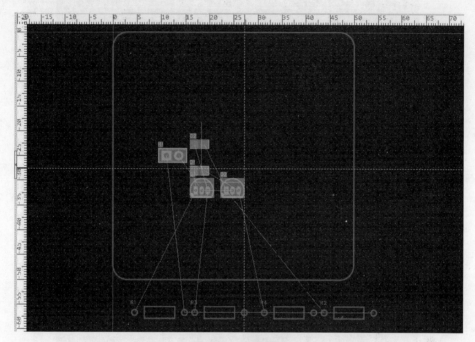

图 3-17   布局传递

3.5.2   手动布局

一块 PCB 板设计成功与否元器件的布局是关键。

手动布局，需要设计者用鼠标一个一个地把元器件拖放到合适的位置。一般情况下，设计者会按照原理图中的元器件相对位置摆放元器件。下面是一些基本的布局原则。

- 需要插接导线或其他线缆的接口元器件一般放到电路板的外侧，并且接线的一面要朝外。
- 元器件就近原则。元器件就近放置可以缩短 PCB 导线的距离，如果是去耦电容或者滤波电容，越靠近元器件效果越好。
- 整齐排列。一个 IC 芯片的辅助电容电阻电路，围绕此 IC 整齐地排列电阻、电容可以更美观。
- 布局的一般规则。大器件、芯片优先布局，元件的摆放要求元件之间的飞线距离越短、交叉线越少为最好。

（1）调整 Q1、Q2 的位置，将光标放在 Q1 轮廓的中部，按下鼠标左键不放，移动鼠标拖动元件到合适位置，放开左键即可移动元件。

（2）移动连接器 H1。选择 H1，拖动连接时按下空格键将其旋转 90°，然后将其定位在板子的左边。

（3）参照图 3-18 所示的位置放置其余的元件。当设计者拖动元件时，如有必要，使用空格键来旋转元件，让该元件与其他元件之间的飞线距离最短、交叉线最少，这样布局比较合理，方便布线，如图 3-18 所示。

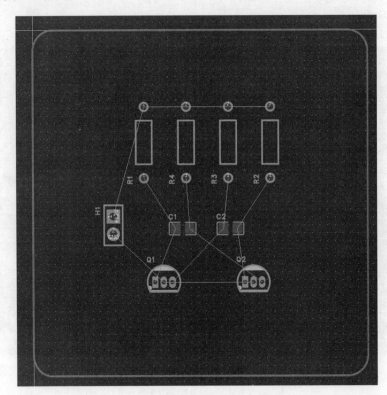

图 3-18　布好元件的 PCB 板

（4）元器件文字可以用同样的方式来重新定位：按下鼠标左键不放来拖动文字，按空格键旋转。

嘉立创 EDA 具有强大且灵活的放置工具，设计者可使用这些工具来保证元器件正确地对齐并间隔相等。

（1）按住 Ctrl 键，分别单击 R1、R2、R3、R4 元件进行选择，或者拖拉选择框包围 4 个元件。

（2）光标放在被选择的任意一个元件上并右击，在弹出的快捷菜单（图 3-19）中选择"对齐"→"顶部对齐"命令，则 4 个元件会沿着它们的顶部对齐；选择"分布"→"水平等距分布"命令，则 4 个元件会水平等距离摆放好。

（3）如果设计者认为这 4 个元件偏左，也可以整体向右移动。

（4）在设计窗口的其他任何地方单击取消选择所有的元件，这 4 个元件就对齐了并且等间距。

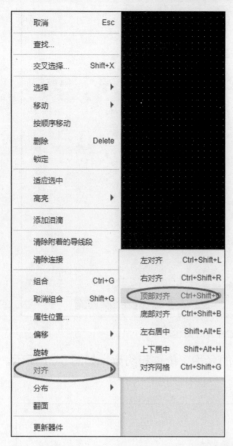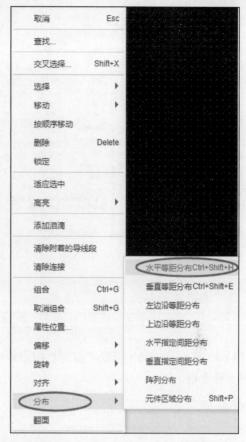

图 3-19　排列对齐元件

现在设计者可以开始在 PCB 板上布线。在开始设计 PCB 板之前有一些设置需要做，本章只介绍设计 PCB 板的重要设置，其他的设置使用默认值，详细的介绍将在第 6 章进行。

3.5.3　设置新的设计规则

嘉立创 EDA 的 PCB 编辑器是一个规则驱动环境。设计规则是 PCB 设计中至关重要的一环，可以通过 PCB 设计规则保证 PCB 符合电气要求和机械加工（精度）要求，为布局、布线提供依据，也为 DRC 提供依据。

这意味着，在设计者改变设计的过程中，如放置导线、移动元件或者自动布线，嘉立创 EDA 都会监测每个动作，并检查设计是否完全符合设计规则。如果不符合，则会立即警告，强调出现错误。在设计之前先设置设计规则以让设计者集中精力去设计，因为一旦出现错误，软件就会提示。

设计规则有规则管理、网络规则等标签。

现在来设置必要的新的设计规则，指明电源线、地线的宽度。具体步骤如下：

（1）激活 PCB 文件，执行"设计"→"设计规则"命令，弹出"设计规则"对话框，如图 3-20 所示，每一类规则都显示在对话框左侧的栏中，右侧栏中显示选中规则的信息。

（2）单击选择每条规则。当设计者单击每条规则时，对话框右边的上方将显示规则的名称、单位，下方将显示规则的限制。

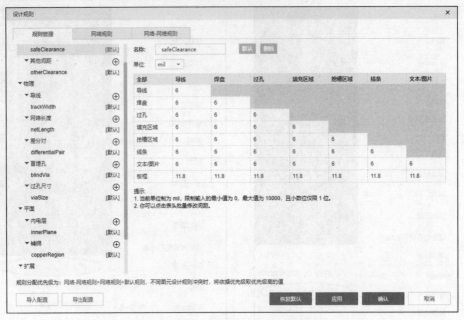

图 3-20 "设计规则"对话框

（3）单击 trackWidth 规则，右侧栏中显示它的名称、单位和约束，如图 3-21 所示，本规则适用于整个板。

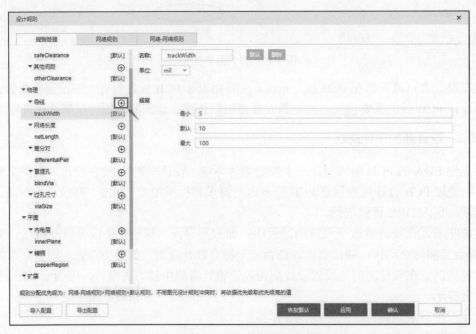

图 3-21 设置 trackWidth 规则

嘉立创 EDA 设计规则系统的一个强大功能是：同种类型可以定义多种规则，每个规则有不同的对象，每个规则目标的确切设置是由规则的范围决定的。

例如，设计者可以有对接地网络（GND）的宽度约束规则，也可以有对电源线（+12V）

的宽度约束规则，可能有对整个板的宽度约束规则，即所有的导线除电源线和地线外都必须是这个宽度。

现在设计者要为+12V 和 GND 网络各添加一个新的宽度约束规则，步骤如下：

（1）在"设计规则"对话框的"导线"右边单击⊕图标，一个新的名为 TrackWidth1 的规则出现；再单击⊕图标，一个新的名为 TrackWidth2 的规则出现，如图 3-22 所示。

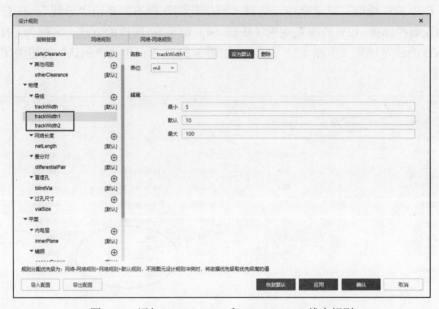

图 3-22　添加 TrackWidth1 和 TrackWidth2 线宽规则

（2）在"设计规则"对话框中单击新的名为 TrackWidth1 的规则以修改其范围和约束，如图 3-23 所示。

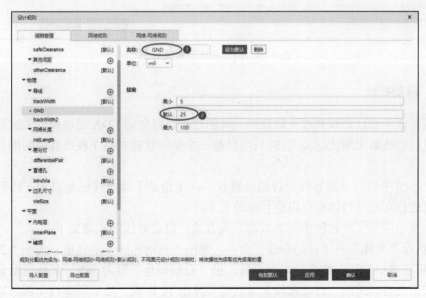

图 3-23　选择 GND 网络修改线的宽度

（3）在"名称"文本框中输入 GND，名称会在"设计规则"栏里自动更新，将默认线宽改为 25mil，如图 3-23 所示。

（4）在"设计规则"对话框中单击名为 TrackWidth2 的规则，在"名称"文本框中输入+12V，名称会在"设计规则"栏里自动更新，将默认线宽改为 18mil。

（5）选择名为 TrackWidth 的线宽，将默认线宽改为 12mil。

（6）在"设计规则"对话框中，选择"网络规则"标签，单击"导线"，在右边栏名称为+12V 的规则栏选择+12V 的线宽规则（步骤（4）定义）；同样的方法，名称为 GND 的规则栏选择 GND 的线宽规则（步骤（3）定义），如图 3-24 所示；单击"确认"按钮关闭"设计规则"对话框。

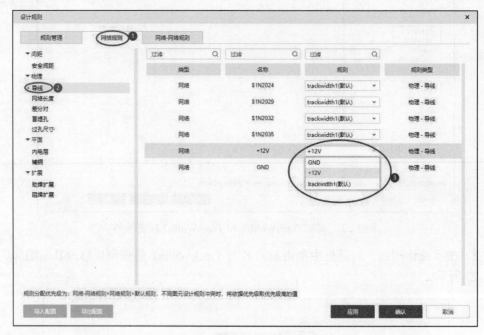

图 3-24　绑定相应的线宽规则

3.5.4　自动布线

布线是在板上通过走线和过孔以连接元件的过程。嘉立创 EDA 通过提供先进的交互式布线工具和自动布线器来简化这项工作，只需轻触一个按钮就能对整个板或其中的部分进行最优化布线。

在上一小节中设计者把导线的规则设置好了，无论是手动布线还是自动布线都可以按设计好的线宽进行布线（当然也可以进行修改）。

自动布线器提供了一种简单而有效的布线方式。自动布线的步骤如下：

（1）执行"布线"→"自动布线"命令，弹出"自动布线"对话框，如图 3-25 所示。

（2）可以对该对话框的选项进行设置，把"布线拐角"设为 90°，其他选默认值，单击"运行"按钮会自动关闭"自动布线"对话框并弹出 PCB 板，显示所有线全部布通，布线结果如图 3-26 所示。

图 3-25 "自动布线"对话框

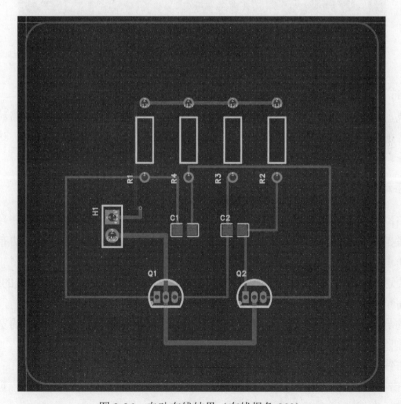

图 3-26 自动布线结果（布线拐角 90°）

（3）执行"布线"→"清除布线"→"全部"命令取消板的布线，重新自动布线，把"布线拐角"设为 45°，其他选默认值，单击"运行"按钮，布线结果如图 3-27 所示。

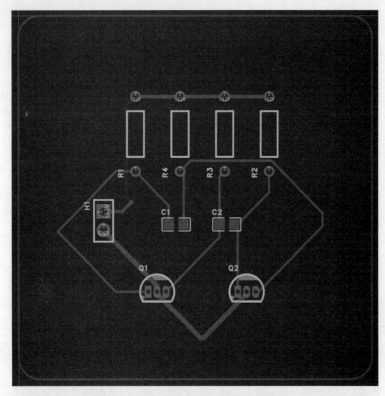

图 3-27　自动布线结果（布线拐角 45°）

（4）执行"文件"→"保存"命令保存 PCB 板。

注意：线的放置由自动布线通过两种颜色来呈现。红色，表明该线在顶端的信号层；蓝色，表明该线在底部的信号层。设计者也会注意到 GND、+12V 导线要粗一些，这是由设计者所设置的两条新的 TrackWidth 设计规则所指明的。

3.5.5　手动布线

从上述自动布线结果可以看出还不能把自动布线结果直接用于生产文件，当自动布线满足不了设计者的要求时则需要设计者手动布线。在自动布线的基础上进行手动布线可以减轻设计者的工作量。

布线需要遵循一定的原则，否则做出来的电路板可能无法正常工作。布线的规则有很多，例如不要在高频电路中使用 90°或小于 90°的拐角。

放置好的导线，单击导线选中，然后在界面右侧的属性面板中修改导线的宽度值，或者按 Delete 键删除。在屏幕右边的"图层"标签中可以选择顶层或底层布线。

在自动布线（布线拐角 45°）的基础上进行手动布线的步骤如下：

（1）单击 PCB 工具中的 ⌇ 按钮或按快捷键 W，在画布上单击开始绘制，再次单击确认布线；单击鼠标右键取消布线，再次单击鼠标右键退出布线模式。

（2）布线时要选择正确的层，在界面右侧的"图层"面板中鼠标单击顶层（激活顶层）

将角度为 90°的布线重新绘制，原来的导线自动删除。

（3）如果顶层标签是激活的，按数字键盘中的"*"键，在不退出布线模式的情况下切换到底层。"*"键可用于在信号层之间进行切换，在切换层的时候会自动地插入必要的过孔。

（4）修改导线属性。首先选择待修改属性的一段导线，然后在 PCB 设计环境右侧的"导线属性"面板中修改。

（5）移动导线线段。单击选中一段导线，拖动即可调节其位置。

（6）切换布线角度。在布线过程中，按 L 键可以切换布线角度。布线角度有 4 种：90°布线、45°布线、任意角度布线和弧形布线。按空格键可以切换当前布线的角度。

（7）高亮显示网络。单击选中待高亮显示的网络中的一段导线，按 H 键可以高亮显示该网络的所有导线，再次按 H 键可以取消高亮显示。

（8）布线冲突。在 PCB 设计过程中需要打开"布线模式"中的"阻挡"功能，方法是在 PCB 画布的空白处单击，在界面右侧的属性面板（图 3-28）中设置，这样在布线过程中不同网络之间将不相连。

（9）布线吸附。在布线过程中，需要打开"吸附"功能，如图 3-28 所示，这样布线时导线将自动吸附在焊盘的中心位置。

（10）调整完 PCB 上的所有连线后，如图 3-29 所示，右击或按 Esc 键退出放置模式。

（11）保存设计的 PCB 板。

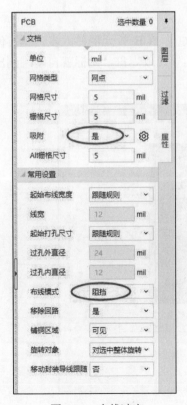

图 3-28　布线冲突

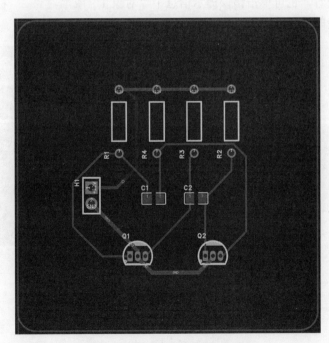

图 3-29　完成手动布线的 PCB 板

3.6 验证设计者的板设计

嘉立创 EDA 提供一个规则驱动环境来设计 PCB，并允许设计者定义各种设计规则来保证 PCB 板设计的完整性。比较典型的做法是，在设计过程的开始设计者就设置好设计规则，然后在设计进程的最后用这些规则来验证设计。

在前面的例子中设计者已经添加了两个新的线宽度约束规则。为了验证所布线的电路板是符合设计规则的，现在设计者要进行设计规则检查 DRC，步骤如下：

（1）执行"设计"→"实时 DRC"命令，弹出"信息"对话框，如图 3-30 所示，提示是否立即执行一次 DRC，单击"是"按钮，弹出检查结果界面，如图 3-31 所示，在界面下部的 DRC 面板中显示错误的信息：三极管焊盘到导线的距离小于设计规则 6mil。

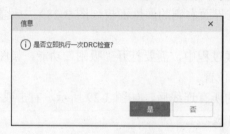

图 3-30 提示信息

（2）PCB 板编辑界面上有黄色叉的地方就是出错点。如果 PCB 板元器件太多，不方便查看，也可单击错误提示信息中"对象 1"或"对象 2"栏的导线或焊盘，光标就自动跳到出错的信息处。

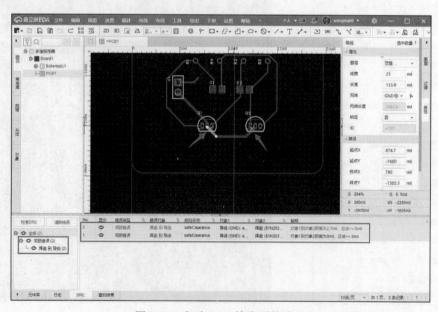

图 3-31 实时 DRC 检查到的错误

（3）移动出错点的导线，让导线离焊盘有合适的位置。再执行"设计"→"实时 DRC"

命令，弹出检查结果界面，如图 3-32 所示，在界面下部的 DRC 面板中没有显示错误信息。

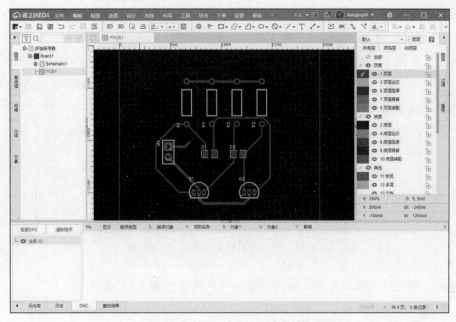

图 3-32　实时 DRC 检查没有错误

（4）设计规则检查的另一个方法是，执行"设计"→"检查 DRC"命令，直接在界面下部的 DRC 面板中显示错误的信息，效果与执行"实时 DRC"命令一样。

（5）设置坐标原点。执行"放置"→"画布原点"→"从光标"命令，然后用鼠标在 PCB 板的左下角单击。

（6）调整位号的位置。单击顶部工具栏右边的"设置"图标[⚙]，弹出"设置"对话框，如图 3-33 所示，选择"PCB/封装"栏的"通用"选项卡，勾选"始终显示十字光标"，光标变为大的十字光标，方便在 PCB 板上移动位号时对齐位号。

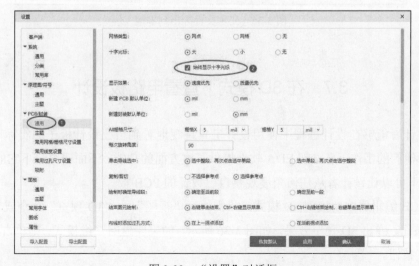

图 3-33　"设置"对话框

（7）位号调整好后的 PCB 板如图 3-1 所示，对它进行保存。图 3-1 中有两张图，右边的图是优化后的 PCB 板。

（8）如果要把保存在云端的工程文件（包括原理图、PCB 文件）保存在设计者的计算机中，则执行"文件"→"工程另存为（本地）"命令，弹出"工程另存为（本地）"对话框，如图 3-34 所示，单击"确认"按钮，弹出"导出"文件夹对话框，确认导出的文件名（也可以修改文件名）后单击"保存"按钮。

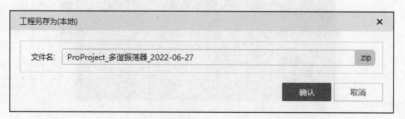

图 3-34 "工程另存为（本地）"对话框

导出的工程文件为压缩文件，解压后文件夹的内容如图 3-35 所示。

教材 › ProProject_多谐振荡器_2022-06-27 ›			
名称	修改日期	类型	大小
BLOB	2022/6/27 3:33	文件夹	
FONT	2022/6/27 3:33	文件夹	
FOOTPRINT	2022/6/27 3:33	文件夹	
INSTANCE	2022/6/27 3:33	文件夹	
PANEL	2022/6/27 3:33	文件夹	
PCB	2022/6/27 3:33	文件夹	
POUR	2022/6/27 3:33	文件夹	
SHEET	2022/6/27 3:33	文件夹	
SYMBOL	2022/6/27 3:33	文件夹	
project.json	2022/6/27 3:33	JSON 文件	15 KB

图 3-35 工程文件导出到本地

3.7 在 3D 模式下查看电路板设计

如果设计者能够在设计过程中使用设计工具直观地看到自己设计板子的实际情况，将可有效地帮助他们的工作。嘉立创 EDA 软件提供了这方面的功能，下面研究一下它的 3D 模式。在 3D 模式下可以让设计者从任何角度观察自己设计的 PCB 板。

要在 PCB 编辑器中切换到 3D 模式，只需执行"视图"→"3D 预览"命令或者在工具栏中单击 3D 按钮，弹出 3D 预览效果，如图 3-36 所示，如果要返回二维模式，则单击"3D 预览"标签上的 ✖ 按钮。

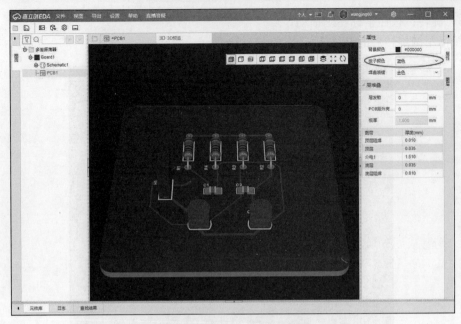

图 3-36   PCB 板 3D 预览效果

单击"属性"面板的"板子颜色"处可以修改 PCB 板 3D 显示的底色，这里修改为红色，显示效果如图 3-37 所示。

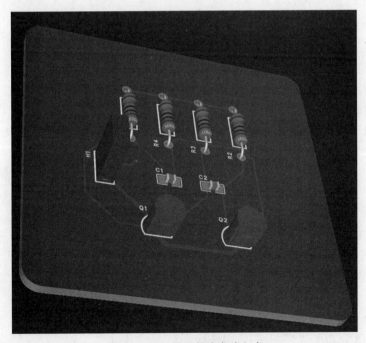

图 3-37   3D 显示的底色为红色

对 3D 显示画面的控制：

（1）缩放：鼠标滚轮。

（2）平移、上下移：按住鼠标右键拖动。

（3）旋转：按住鼠标左键拖动。

按鼠标左键旋转后的 PCB 板底面如图 3-38 所示。

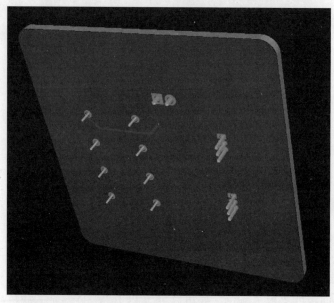

图 3-38　PCB 板的底面

本 章 小 结

本章介绍了印制电路板的基础知识，建立一个新的 PCB 文件，用封装管理器检查元器件的封装，把原理图的信息导入 PCB 内（网络表同步），建立导线的粗细规则，进行 PCB 布局和布局传递、自动/手动布线，验证了 PCB 板是否正确。

注意：PCB 布局的好坏直接关系到板子的成败，布局摆放元器件时应使元器件之间的飞线距离最短、交叉线最少，这样布局比较合理且便于排版。

习 题 3

1. 简述 PCB 的设计流程。

2. 设计一个双层板时，一般的设计层面有哪些？

3. 原理图中"导线"与"折线"的区别是什么？在 PCB 中"线条"与飞线的区别是什么？

4. 执行"设计"→"更新/转换原理图到 PCB"命令的作用是什么？

5. 在设计 PCB 板时"*"键的作用是什么？

6. 完成习题 2 中蜂鸣器电路、红外发射电路的 PCB 设计，PCB 板的大小由自己定义，元件的封装根据实际使用的情况决定。要求先用手动布线设计单面印制电路板，再用自动布线设计双面印制电路板，并注意比较两者的异同。

第4章 嘉立创 EDA（专业版）的版本管理

嘉立创 EDA（专业版）的
版本管理

本章主要介绍嘉立创 EDA（专业版）软件的数据目录说明、保存工程到本地、版本管理、导入嘉立创 EDA 标准版文件、导入 Altium Designer 文件等。通过本章的学习，读者能够完成网上版本的更新、切换版本、把工程保存到本地、恢复误删除的版本等操作。涵盖以下主题：

- 嘉立创 EDA（专业版）数据目录说明。
- 嘉立创 EDA（专业版）版本（工程）管理。
- 导入嘉立创 EDA 标准版文件。
- 导入 Altium Designer 文件。

4.1 数据目录说明

嘉立创 EDA（专业版）客户端安装后会默认创建数据文件夹于 Documents\LCEDA-Pro，如图 4-1 所示，请不要删除或修改该目录下的文件，避免产生错误。

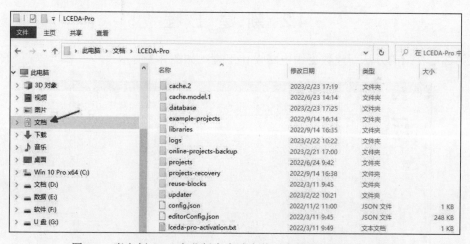

图 4-1 嘉立创 EDA 专业版客户端安装后会默认创建数据文件夹

该文档内的目录说明如表 4-1 所示。

表 4-1 目录说明

文件夹名	类型	备注/说明
cache	数据缓存目录	
cache.model	数据缓存目录	
database	数据库目录	

文件夹名	类型	备注/说明
example-projects	示例工程目录	
libraries	默认的库文件目录	个人创建的库文件存放目录。注意，从 v1.9 开始，系统库文件 lceda-std.elib 不再放在该目录中
logs	运行日志目录	存放客户端的运行日志。注意，从 v1.9 客户端开始，该配置不再使用，已改为直接在 log 文件夹下创建 trace 或 error 或 debug 文件夹的方式，当客户端检测到有 trace 等文件夹时会自动生成对应的日志文件。使用完毕需要将文件夹删除，避免客户端运行性能降低
online-projects-backup	在线工程备份目录	默认的全在线模式时，在线工程自动备份工程 zip 文件存放目录
projects	默认的工程文件存放目录	对应菜单：文件→版本切换（备份恢复）。目录内有"工程名 backup"文件夹，是该工程的备份 zip 文件存放目录
projects- recovery	工程缓存数据存放目录	对应菜单：文件→缓存恢复，是工程的缓存 zip 压缩包
updater	客户端自动下载的安装包存放目录	
config.json	客户端的配置文件	
editorConfig.json	客户端的配置文件	
lceda-pro-activation.txt	客户端的激活文件	手动删除后，客户端变为未激活状态

4.2　新　建　工　程

按第 2 章介绍的方法新建数字钟电路设计工程，如图 4-2 所示。

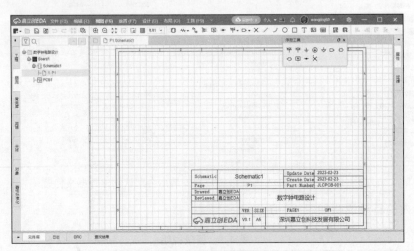

图 4-2　数字钟电路设计

4.3　保存工程在本地

嘉立创 EDA 专业版支持把工程文件另存到本地文件中。创建工程默认在云端保存的，若需要保存在本地，则需要用户自行操作：执行"文件"→"另存为"→"工程另存为（本地）"命令，如图 4-3 所示，弹出"工程另存为（本地）"对话框，如图 4-4 所示，单击"确认"按钮，弹出选择路径对话框，如图 4-5 所示，选择需要保存的路径，单击"保存"按钮即可将工程中的文件压缩到本地，压缩包里包括放置在工程原理图中的器件库和封装。

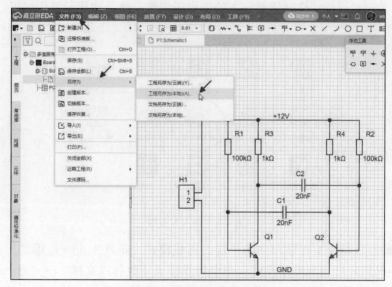

图 4-3　工程保存在本地命令

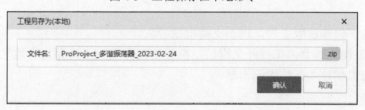

图 4-4　"工程另存为（本地）"对话框

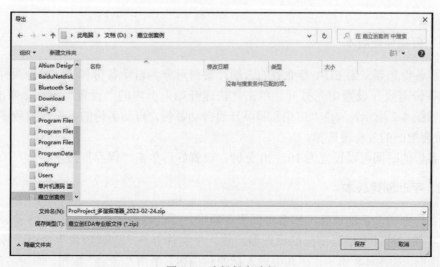

图 4-5　选择保存路径

4.4 导入保存在本地的工程压缩包

（1）导入保存在本地的工程压缩包：在编辑器"快速开始"页单击"导入专业版"按钮，弹出"打开文件"对话框，选择需要导入的工程压缩包，然后按提示操作即可。

图 4-6 导入专业版

（2）把线上云端的工程导入到客户端的离线模式。把线上全在线模式下保存在本地的工程压缩包导入到客户端全离线模式：在全离线模式下执行"文件"→"导入"→"嘉立创 EDA（专业版）"命令，弹出"打开文件"对话框，选择需要导入的工程压缩包然后按提示操作即可。

不支持批量下载专业版工程，也不支持批量导入。

（3）导出工程到线上。在打开工程后，执行"文件"→"另存为本地"命令得到工程压缩包文件，再把工程导入在线版编辑器。

4.5 版 本 管 理

4.5.1 自动创建版本

把工程备份到嘉立创 EDA 专业版的云端，备份可分为自动备份和手动备份两种。

自动备份需要在设置中先打开，单击"快速开始"页内的"设置"图标，弹出"设置"对话框，如图 4-7 所示，勾选"启用"即可开启自动备份，自动备份的备份次数最多为 10 份，超出 10 份会把旧的备份覆盖掉。

自动备份的时间可以设置为 10～20 分钟，设置好后单击"保存"按钮。

4.5.2 手动创建版本

手动备份则需要手动地将工程备份到服务器中，手动备份的数量最多为 15 份。

操作步骤：打开多谐振荡器的原理图，执行"文件"→"创建版本"命令，弹出"创建版本"对话框，如图 4-8 所示，在其中输入标题和描述，单击"确定"按钮，即可备份至云端。

图 4-7　自动备份设置

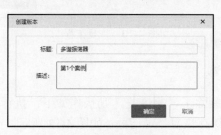

图 4-8　"创建版本"对话框

4.5.3　切换版本

目前嘉立创 EDA（专业版）暂不支持直接在工程上切换版本，而是以新建工程的方式实现。

将在云端或之前设计的工程恢复，创建方法：执行"文件"→"切换版本"命令，弹出"切换版本"对话框，如图 4-9 所示，其中显示的是自动备份和手动备份的工程、创建时间和描述。

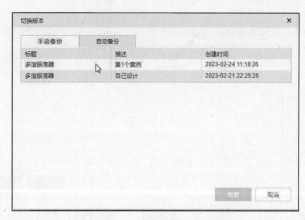

图 4-9　"切换版本"对话框

选择需要恢复的工程文件，如图 4-10 所示，单击"恢复"按钮，即可把备份的工程重新导入到编辑器中，导入备份的工程与原工程不会冲突。

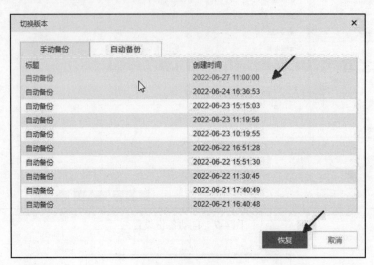

图 4-10　恢复工程

4.5.4　恢复误删除的版本

如果把一个工程文件误删除了，想恢复，则操作如下：执行"文件"→"缓存恢复"命令，如图 4-11 所示，弹出"缓存恢复"对话框，如图 4-12 所示，在其中选择需要恢复的工程，单击"恢复"按钮，弹出"导入专业版"对话框，如图 4-13 所示，恢复的工程可以是新建工程或保存至已有工程，用户根据需要选定，单击"保存"按钮，弹出创建成功对话框，如图 4-14 所示，提示是否打开工程，如果要打开工程则单击"在新窗口打开"按钮，弹出成功恢复工程的界面，如图 4-15 所示。

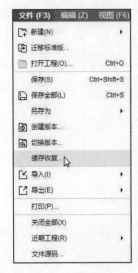

图 4-11　版本恢复命令

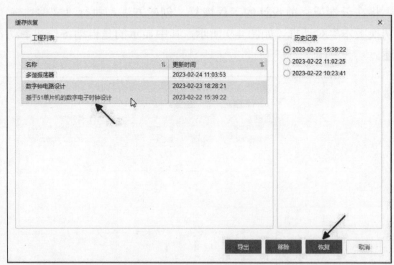

图 4-12　"缓存恢复"对话框

图 4-13 "导入专业版"对话框

图 4-14 "提示"对话框

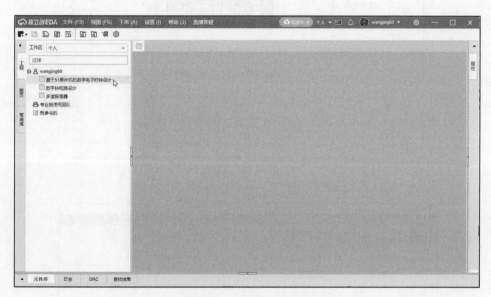

图 4-15 恢复成功的工程

4.5.5 版本管理

在工程区，选中某一工程并右击，在弹出的快捷菜单中选择"版本管理"→"版本管理"，如图 4-16 所示，弹出工程管理界面，如图 4-17 所示，在其中单击"所有工程"，弹出工程详情界面，如图 4-18 所示，在其中可以看到所有工程的详细信息。

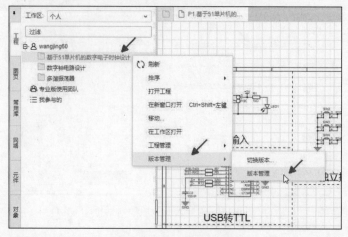

图 4-16　版本管理命令

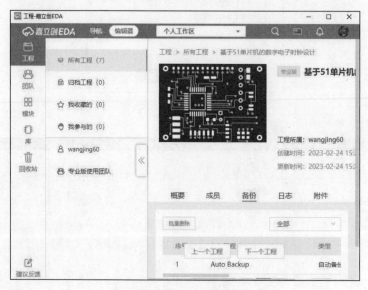

图 4-17　工程管理

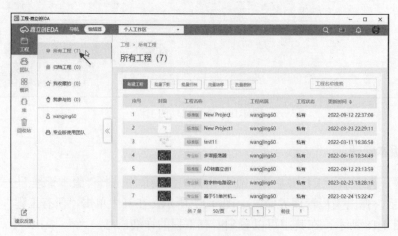

图 4-18　工程详情界面

在图 4-18 中，可以对所选的工程进行批量下载、批量归档、批量转移、批量删除等操作。选中某个工程，即可对该工程进行编辑、分享、下载、归档、删除等操作，如图 4-19 所示。

图 4-19　对选中工程可执行的操作

编辑工程时可以修改工程的名称、描述等信息。当归档工程后，用户再打开工程则无法做任何编辑保存的操作，只能查看。转移工程支持转移给工程成员和自己加入的团队。

4.5.6　删除工程

除了可以在图 4-19 中删除工程外，还可以在工程界面选中要删除的工程并右击，在弹出的快捷菜单中选择"工程管理"→"删除"，如图 4-20 所示，弹出"删除工程"对话框，如图 4-21 所示，在其中勾选"我已知晓，继续操作"，单击"确定"按钮删除选中的工程。

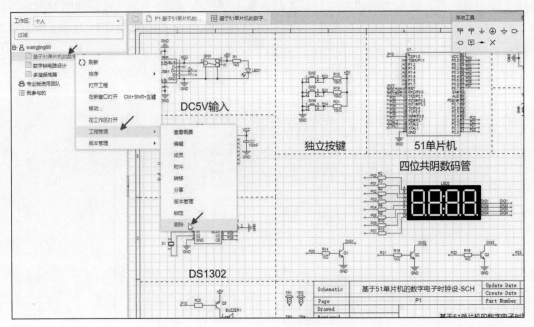

图 4-20　执行删除工程命令

图 4-21 确认删除工程

4.6 导入嘉立创 EDA 标准版的文件

导入与导出文件介绍

方法 1：打开专业版，在"快速开始"页中单击"迁移标准版"图标，弹出"迁移标准版"对话框，如图 4-22 所示，选择需要导入的标准版工程，单击"确定"按钮，弹出"新建工程"对话框，如图 4-23 所示，可以修改名称和添加描述（这里用默认名并添加描述），单击"保存"按钮，弹出提示框，提示"创建成功！是否打开新工程？"，单击"是"按钮即可导入标准版的工程，等一会后标准版工程导入成功，即可打开从标准版导入的原理图及 PCB 图，如图 4-24 所示。

图 4-22 "迁移标准版"对话框

图 4-23 "新建工程"对话框

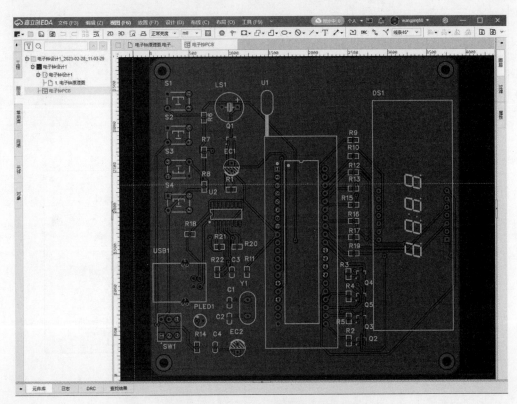

图 4-24 导入成功的原理图及 PCB 图

方法 2：在嘉立创 EDA（专业版）未打开工程时，先在嘉立创 EDA 标准版打开需要导入专业版的工程，右击并选择"工程管理"→"下载"，如图 4-25 所示。下载的工程以 ZIP 压缩包保存。启动嘉立创 EDA（专业版），在"快速开始"页中单击"导入标准版"图标，弹出"打开"对话框，选择正确的路径，如图 4-26 所示，选择需要导入的 ZIP 压缩包文件，单击"打开"按钮，弹出提示信息，如图 4-27 所示，单击"确定"按钮，弹出"导入"对话框，如图 4-28 所示，可以修改选项，这里选默认值，单击"导入"按钮，弹出"新建工程"对话框，如图 4-29 所示，采用默认值，输入提示信息，单击"保存"按钮，提示"导入成功！是否打开新工程？"，选择打开新工程，等一会后导入标准版成功，如图 4-30 所示。

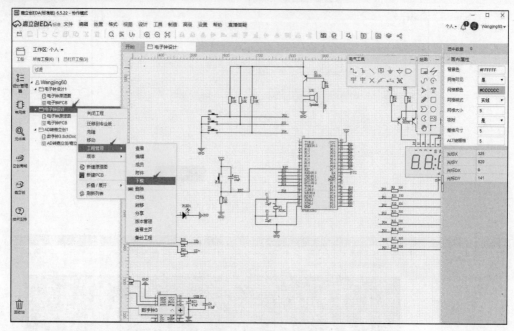

图 4-25　在标准版下载工程

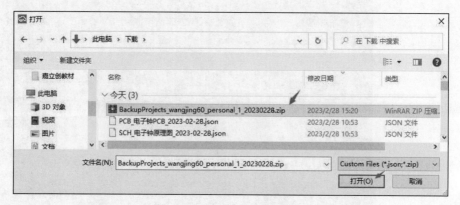

图 4-26　"打开"文件对话框

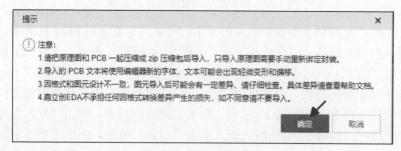

图 4-27　提示信息

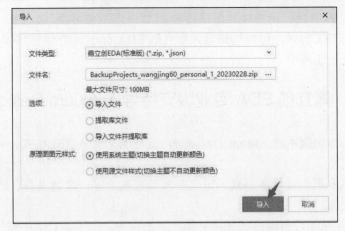

图 4-28 "导入"对话框

图 4-29 "新建工程"对话框

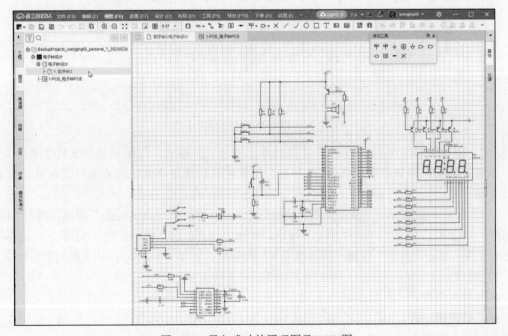

图 4-30 导入成功的原理图及 PCB 图

注意：如果有 PCB 的，请务必把原理图和 PCB 一起压缩后导入。

在专业版已打开工程时，可以选择导入嘉立创 EDA 标准版的单个 JSON 文件，导入后会插入在当前已打开的工程中。

4.7　嘉立创 EDA 专业版支持导入 Altium Designer

已经支持导入多个版本的 Altium Designer，支持明文的 ASCII 格式。目前二进制格式导入有问题，暂不支持。

注意：因格式和图元设计不一致，图元导入后可能会有一定的差异，请仔细检查。具体差异请查看帮助文档。

嘉立创 EDA 不承担任何因格式转换差异产生的损失，如不同意请不要导入。

导入 Altium 工程文件的方法有以下几种：

（1）在 Altium Designer 中打开原理图和 PCB，执行"文件"→"另存为"命令，弹出"保存文件"对话框，如图 4-31 所示，选择 Advanced Schematic ascii（*.SchDoc）或 PCB ASCII File（*.PcbDoc）文件类型。

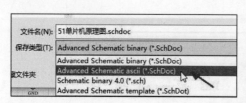

图 4-31　选择保存文件类型

保存 PCB 文件时会弹出提示信息，如图 4-32 所示，单击 OK 按钮即可。

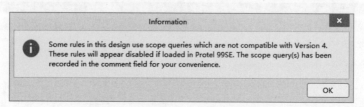

图 4-32　保存 PCB 时的提示信息

（2）把导出的原理图和 PCB 文件打包成压缩包 ZIP 格式。压缩格式只支持 ZIP。

注意：也支持单独原理图或 PCB 导入，但是单独原理图导入无法自动绑定封装，需要导入后手动绑定。

（3）在嘉立创 EDA（专业版）的"快速开始"页中单击"导入 Altium"图标，弹出"提示"对话框，如图 4-33 所示，单击"确定"按钮，弹出"打开"对话框，如图 4-34 所示，选择压缩的 ZIP 文件，单击"打开"按钮，弹出"导入"对话框，如图 4-35 所示。该页面的信息如下：

1）选项。

● 导入文件。

● 提取库文件。

● 导入文件并提取库。

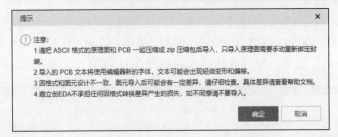

图 4-33　"提示"对话框

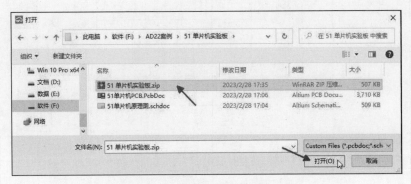

图 4-34　选择需要导入的 ZIP 文件

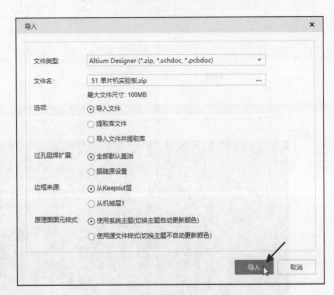

图 4-35　"导入"对话框

2）过孔阻焊扩展。

● 全部默认盖油。会强制把全部过孔都设置为盖油（阻焊扩展设置为-1000）。

● 跟随原设置。会根据原本 AD 文件里面过孔的阻焊参数设置。

3）边框来源。

● 从 Keepout 层。很多用户使用 Keepout 层绘制边框，所以默认该层作为边框。

● 从机械层 1。选择机械层 1 时，闭合的 Keepout 层将转为禁止区域，未闭合的将转到机械层。

导入的时候可以根据需要选择不同的选项，这里选择默认值，单击"导入"按钮，弹出"新建工程"对话框，输入描述信息，单击"保存"按钮，弹出"导入成功！是否打开新工程？"提示信息，单击"是"按钮，打开成功导入的原理图及 PCB 图，如图 4-36 和图 4-37 所示。

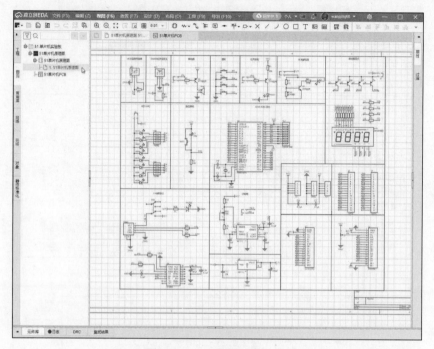

图 4-36　导入的原理图信息

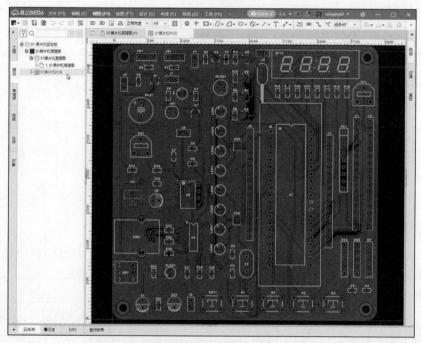

图 4-37　导入的 PCB 板

注意：格式转换前后的差异请查看帮助文档。

本 章 小 结

本章介绍了嘉立创 EDA（专业版）软件的版本（工程）管理，将网上的工程保存在本地，导入保存在本地的工程；在云端自动、手动保存工程、删除工程，恢复误删除的工程等；导入嘉立创 EDA 标准版文件，导入 Altium Designer 文件。通过本章的学习，读者能很好地管理工程。

习 题 4

完成嘉立创 EDA（专业版）的自动、手动创建版本，切换版本，版本管理，删除工程，恢复误删除的工程。

第 5 章 嘉立创 EDA（专业版）的环境参数及设置方法

嘉立创 EDA 参数
环境设置

在掌握了前几章的内容后，要绘制一个简单的原理图、设计印制电路板应该已没有问题，但为了设计复杂的电路图，提高设计者的工作效率，把该软件的功能充分发掘出来，则需要进行后续章节的学习。本章主要介绍原理图、PCB 编辑环境下的相关参数设置。涵盖以下主题：

- 原理图编辑的操作界面设置。
- PCB 编辑的操作界面设置。
- 面板/面板库的设置。
- 顶部工具栏设置。

嘉立创 EDA 专业版的个人设置（参数设置）同步至服务器，无论用户在哪个浏览器登录都可以自动同步下来，减少多次配置的操作。

5.1 原理图/符号的参数设置

选择"设置"→"原理图/符号"→"通用"进入设置界面，如图 5-1 所示。

图 5-1 通用设置

5.1.1　通用

（1）网格类型：设置默认的画布。

设置选项：网格、网点、无，如图 5-2 所示。设置好后顺序单击"确认"按钮即可，该设置要重新启动画布才有效。要修改画布网格类型，最好是单击顶部工具栏中的"网格类型"图标田。

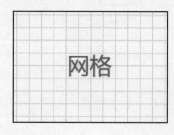

图 5-2　网格设置选项

（2）十字光标：设置原理图编辑器的光标大小，大小光标如图 5-3 所示。在绘制原理图放置元件时，为了元件的摆放、对齐，最好设置为大光标。

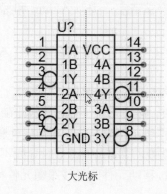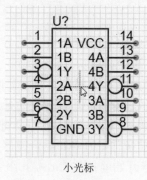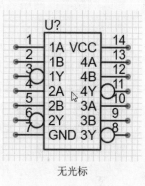

图 5-3　大小光标

勾选"始终显示十字光标"复选项，在光标上一直有一个"十"字光标，如图 5-4 所示。

图 5-4　始终显示十字光标

（3）线宽显示：跟随缩放变化，是指原理图画面在进行放大缩小时导线的粗细会发生改变；始终 1px 线宽，是指原理图画面在进行放大缩小时，线的宽度始终是 1px 线宽，不会跟随原理图画面放大缩小而改变。

（4）默认网格尺寸：是指打开原理图或符号库时画布的网格尺寸。Alt 吸附网格是指当按住 Alt 键时进行绘制或者移动图元移动或吸附的网格大小。

（5）指示线：在绘制原理图时，为了避免出错，嘉立创 EDA 设计了指示线。指示线是元件原点和元件属性之间的指示线，如图 5-5 所示。根据设置可以显示或不显示指示线。

- 单选器件和选中属性时显示：选中该选项，选择元件时显示指示线。
- 不显示：选择元件时不显示指示线。

显示指示线　　　　　　　　　　　　　　　不显示指示线

图 5-5　指示线的显示设置

（6）复制/剪切：复制/剪切时可以设置选择或不选择参考点，如果选择了参考点，粘贴时就以参考点为中心进行。

（7）单击导线选中：可以根据自己的使用习惯切换单击导线时的选中范围，单段选中或者整段选中。

（8）拖动网络名：当拖动导线的网络名离开导线上时的处理方式。

- 修改网络名：网络名离开导线上时，导线的网络名会被清空，类似 Altium 和标准版的网络标签行为。
- 调整属性位置：只移动属性名的位置，不影响导线的网络名。专业版之前的行为，和 PADS、Orcad 的网络标签行为类似。

（9）移动符号，导线跟随方式：设置移动元件符号时导线是否跟随元件移动。

- 默认跟随：移动开始前按住 Ctrl+Alt 组合键断开连接，移动元件符号时导线跟随元件移动；移动元件符号开始前按住 Ctrl+Alt 组合键，移动元件时导线不跟随元件移动。
- 默认不跟随：移动开始前按住 Ctrl+Alt 组合键保持连接，移动元件符号时导线不跟随元件移动；移动元件符号开始前按住 Ctrl+Alt 组合键，移动元件时导线跟随元件移动。

（10）其他。

- 符号编辑器显示标尺：在编辑符号时是否显示画布标尺。
- 放置或粘贴器件自动分配位号（粘贴不支持多部件元件/子库）：在器件放置的时候是否自动分配位号，将以最小值开始分配。
- 鼠标悬浮导线高亮整个网络：当鼠标悬浮到导线上面时，高亮当前画布的全部相同网络名的导线。
- 旋转元件时自动调整属性位置：如果勾选，元件旋转的时候属性也跟随旋转。
- 每页元件放置数量：目前原理图放置器件数量过多会比较卡顿，所以增加了数量检测，建议一页放置元件数不超过 100 个，通过创建分页来放置其他器件。

5.1.2　主题

原理图的主题设置就是为了满足用户的个人喜好需求而设计的，用户可根据个人喜好设置原理图界面的一些颜色配置，可以设置原理图图页的背景色、网格颜色、文本的颜色等。

如果要修改原理图图页的背景色，则按快捷键 I，在弹出的快捷菜单中选择"原理图/符号"→"主题"进入主题设置界面，单击"背景色"右边的颜色框，弹出颜色画布，选择需要的颜色，单击"应用"按钮和"确认"按钮，如图 5-6 所示，设置完成后原理图的背景色改为浅蓝色，如图 5-7 所示。

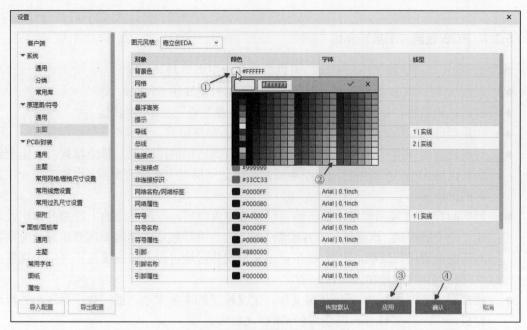

图 5-6　原理图背景色修改过程

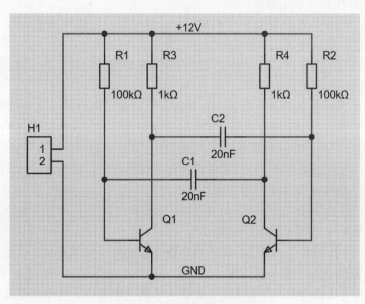

图 5-7　修改后的原理图背景色

如果要恢复原理图画布的默认值，则单击"恢复默认"按钮，弹出"是否恢复当前页设置为默认设置？"，单击"是"按钮。

5.2 PCB/封装参数设置

5.2.1 PCB 板层（图层）介绍

嘉立创 EDA 支持清晰的图层定义，可以参考以下层类型及其作用：

- 顶层/底层：PCB 板顶面和底面的铜箔层，信号走线用。
- 内层：铜箔层，信号走线和铺铜用，可以设置为信号层和内电层。
- 顶层丝印层/底层丝印层：印在 PCB 板的白色字符层。
- 顶层锡膏层/底层锡膏层：该层是给贴片焊盘制造钢网用的层，帮助焊接，决定上锡膏的区域大小。若制作的板子不需要贴片则这个层对生产没有影响。也称为正片工艺时的助焊层。
- 顶层阻焊层/底层阻焊层：板子的顶层和底层盖油层，一般是绿油，绿油的作用是阻止不需要的焊接。该层属于负片绘制方式，当你有导线或者区域不需要盖绿油时则在对应的位置进行绘制，PCB 在生产出来后这些区域将没有绿油覆盖，方便上锡等操作，该动作一般被称为开窗。
- 边框层（板框层）：板子形状定义层，定义板子的实际大小，板厂会根据这个外形进行板子生产，在 Gerber 时生成的 GKO 文件内。
- 顶层装配层/底层装配层：元器件的简化轮廓，用于产品装配/维修和导出文档打印，不对 PCB 板制作产生影响。
- 机械层：记录在 PCB 设计中在机械层记录的信息，仅作信息记录用。
  - 生产时默认不采用该层的形状进行制造。
  - 一些板厂在使用 AD 文件生产时会使用机械层作边框。在嘉立创 EDA 中，该层不影响板子的边框形状。
  - 如果机械层有闭合的线条。嘉立创在生产板子的时候会优先使用机械层作为板子的形状，如果没有机械层的外框才会使用 GKO 作为边框（AD 文件的历史影响），在设计的时候需要注意机械层的使用。
- 文档层：与机械层类似，可以用作设计相关信息记录，供查看，但该层通常在编辑器使用，在 Gerber 文件里不参与制造生产。
- 飞线层：PCB 网络飞线的显示，这个不属于物理意义上的层，为了方便使用和设置颜色而放置在层管理器进行配置。
- 孔层：与飞线层类似，这个不属于物理意义上的层只作通孔（非金属化孔）的显示和颜色配置用。
- 多层：与飞线层类似，作金属化孔的显示和颜色配置用。当焊盘层属性为多层时，它将连接每个铜箔层，包括内层。
- 元件外形层：是元件实物的外形层，用于绘制元件的外形，方便封装尺寸与实物尺寸的对比。
- 元件标识层：元件实物的标识层，可以添加元件的特殊标识，如正负极、极性点等。
- 引脚焊接层：元件实物的引脚焊接层，方便封装焊盘尺寸与实物引脚尺寸的对比。

- 引脚悬空层：元件实物的引脚悬空层，方便封装焊盘尺寸与实物引脚悬空部分尺寸的对比。
- 3D 外壳边框层：绘制 3D 外壳时外壳边框所在的层。
- 3D 外壳顶层/3D 外壳底层：3D 外壳的顶层或底层，可以绘制挖槽、实体等图元。
- 钻孔图层：用于存放钻孔表的信息，供制造生产对照查看用。
- 自定义层：一般用于额外信息的记录，作用与文档层、机械层、装配层类似，不直接用作生产。

打开 PCB 后，在右边的"图层"面板中可以设置图层是否显示，切换当前的显示图层。铅笔图标 表示该层是在最顶层显示，即该层为活跃层，已进入编辑状态；眼睛图标 表示显示该层，关闭眼睛图标 表示不显示该层；锁开图标 表示该层可以编辑、修改，锁锁住图标 表示该层被锁住，不能修改、编辑，如图 5-8 所示。

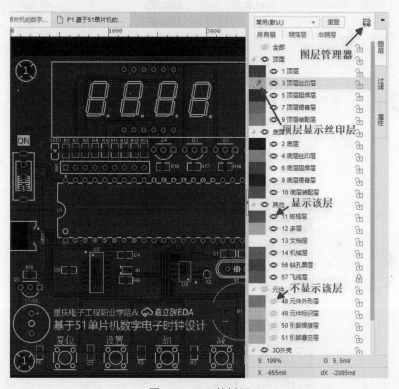

图 5-8　PCB 的板层

在右侧的图层属性栏单击右上方的"图层管理器"图标，弹出"图层管理器"对话框，在这里可以设置图层的透明度、名称、类型和添加图层，如图 5-9 所示。

5.2.2　画布属性

打开 PCB 后，在右边的属性面板中可以设置画布常用的设置（图 5-10），这些设置在顶部菜单、右键菜单、过滤 Tab 中都可以修改。设置的参数可以保存到 PCB 中，下次打开 PCB 时会优先应用设置的参数。

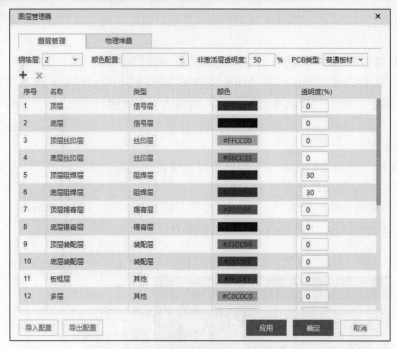

图 5-9　"图层管理器"对话框

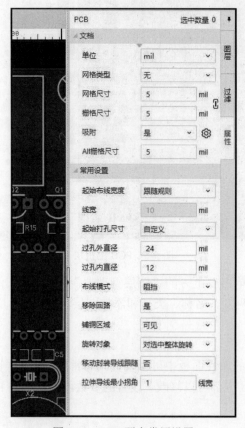

图 5-10　PCB 画布常用设置

5.2.3 通用（PCB 偏好）设置

执行"设置"→"PCB/封装"→"通用"命令，弹出"设置"对话框，如图 5-11 所示。

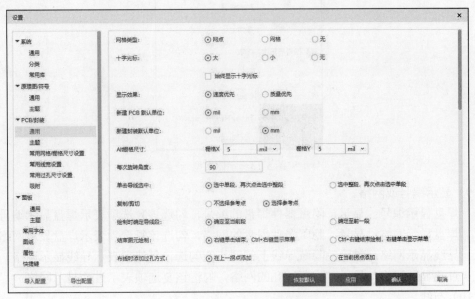

图 5-11 PCB/封装通用设置

（1）网格类型：网点、网格、无。

（2）十字光标：更改在 PCB 编辑器里光标的大小。在 PCB 布局的时候最好设置成大光标，方便元件布局与对齐。

选中"始终显示十字光标"复选项后鼠标会有一个十字光标跟随，如图 5-11 所示是勾选小光标与始终显示十字光标后的效果。

图 5-12 始终显示十字光标

（3）显示效果：速度优先会使编辑器的性能提升，但质量会有所下降；质量优先是开启抗锯齿，开启后显示会比较平滑，对计算机配置有一定的要求。

（4）新建 PCB 默认单位：这里修改 PCB 编辑器的单位，也可以按快捷键 Q 进行修改。目前嘉立创 EDA 专业版支持的单位有 mil（英制）和 mm（公制）。

（5）Alt 栅格尺寸：Alt 吸附尺寸（在绘制过程中按 Alt 键吸附应用该参数）。

（6）每次旋转角度：器件旋转的角度设置。

（7）新建文档起始布线宽度：跟随规则，表示新建文档时起始布线宽度跟随 PCB 的设计规则；自定义，表示布线宽度可以自定义。

（8）元件属性默认字体：字体类型有很多种，可以在下拉列表（图 5-13）中选择，并且可以对线宽和高进行设置。

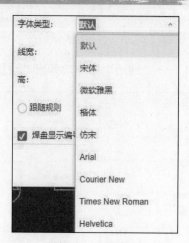

图 5-13　字体类型

（9）显示编号或网络。

● 焊盘显示编号：显示、隐藏器件焊盘的编号，勾选该复选项表示焊盘显示编号。

● 焊盘显示网络：显示、隐藏器件焊盘的网络，勾选该复选项表示焊盘显示网络。

● 导线显示网络：显示、隐藏导线上的网络，勾选该复选项表示导线显示网络。

● 过孔显示网络：显示、隐藏过孔的网络，勾选该复选项表示过孔显示网络。

（10）布线。

● 布线切层时优先放置盲埋孔：在布线切换层放置过孔时，设置对过孔或盲埋孔进行优先设置。该复选项在设计多层板（4 层及以上）时有用，双面板不要勾选该复选项。

● 布线打孔时自动切层：勾选该复选项，布线打孔时自动切换板层。

（11）拖动/移动。

● 移动封装，导线跟随：勾选该复选项，移动封装时导线可以跟随着封装的移动跟随过去。

● 移动过孔，导线跟随：勾选该复选项，移动过孔时导线可以跟随着过孔的移动跟随过去。

（12）其他。

● 显示缩放标尺：关闭和开启顶部快捷栏下方的缩放尺，勾选该复选项，PCB 画布上显示标尺，如图 5-14 所示。

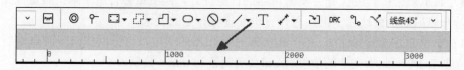

图 5-14　PCB 画布上显示标尺

● 生成制造文件前检查网络连接：导出 Gerber 文件时会检查 PCB 网络的连接是否完成。

● 生成制造文件前检查 DRC：生成制造文件前，对 PCB 板进行设计规则检查（DRC）。

● 粘贴时保留位号：将复制好的器件粘贴在 PCB 时保持原有的位号。

● 使用动态输入框：在绘制板框、圆、铺铜时会有一个动态输入框，在动态输入框中输入数据即可按照输入的数据生成绘制的元素，如图 5-15 所示。

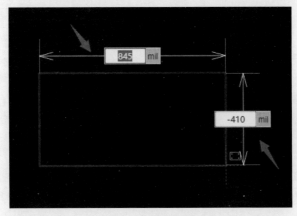

图 5-15　动态输入框

5.2.4　主题设置

PCB 界面主题设置如图 5-16 所示，用户可根据个人喜好设置 PCB 界面的光标、背景色、网格及 PCB 各层的颜色。如顶层默认是红色，用户可以修改颜色，单击红色右边的色码，弹出调色板，如图 5-17 所示，即可修改选中层的颜色。

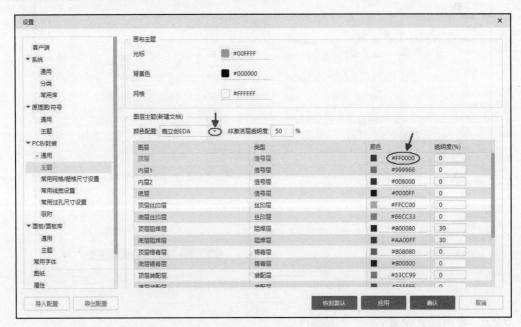

图 5-16　PCB 界面主题设置

也可以选择其他 PCB 软件的主题，单击"颜色配置"栏右边的 ▾ 图标，弹出下拉列表，如图 5-18 所示，可以选择 Altium Designer 等其他软件公司的主题。

对于初学者建议不要修改 PCB 界面的主题，因为如果修改了 PCB 板顶层与底层的颜色，与其他人交流时容易产生误会，所以最好不要修改 PCB 板层的颜色。

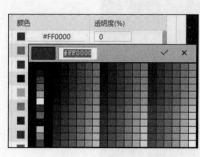

图 5-17　调色板

图 5-18　可以选择其他软件的配色

5.2.5　常用网格/栅格尺寸设置

单击"设置"对话框中的"常用网格/栅格尺寸设置"，显示"直角坐标系"和"极坐标系"网格尺寸编辑界面，如图 5-19 所示，在其中可以设置常用直角坐标系和极坐标系的网格尺寸，方便布线时切换网格显示的大小。要添加尺寸应单击 ✚ 按钮，要删除尺寸应单击 ✖ 按钮。

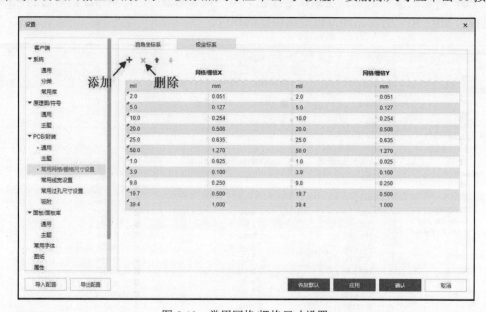

图 5-19　常用网格/栅格尺寸设置

5.2.6　常用线宽设置

PCB 走线的线宽设置界面如图 5-20 所示，设置好自己常用的线宽后，在布线过程中可以通过快捷键 Shift+W 或 Ctrl+右键菜单进行常用线宽的切换。要添加线宽应单击 ✚ 按钮，要删除线宽应单击 ✖ 按钮。也可以在顶部布线菜单中设置。

5.2.7　常用过孔尺寸设置

PCB 走线的常用过孔尺寸设置界面如图 5-21 所示，设置好常用过孔尺寸后，在布线过程中可以通过快捷键 Shift+V 或 Ctrl+右键菜单进行常用过孔尺寸的切换。要添加过孔尺寸应单击 ✚ 按钮，要删除过孔尺寸应单击 ✖ 按钮。也可以在顶部布线菜单中设置。

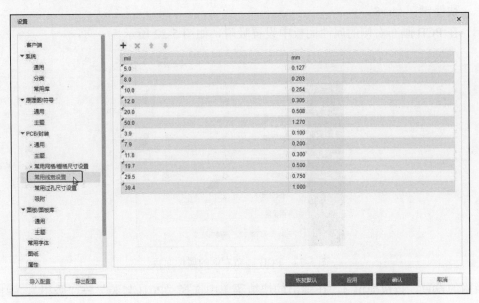

图 5-20　常用线宽设置

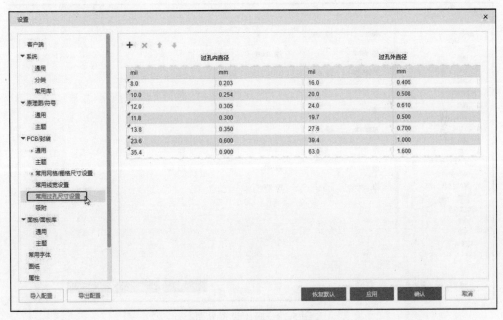

图 5-21　常用过孔尺寸设置

5.2.8　吸附

吸附功能类似于捕捉功能，能吸附得了焊盘的中心、过孔中心和线条的中心点。

支持多种吸附设置，可以很方便地进行各种吸附。开启吸附功能的方法有以下 4 种：

- 顶部菜单：编辑→吸附。
- 鼠标右键：吸附。
- 快捷键：Alt+S。
- 在 PCB 画布右侧的属性面板中设置吸附，如图 5-22 所示。

图 5-22　PCB 画布右侧的属性面板

吸附的设置：按快捷键 I，在弹出的快捷菜单中选择"PCB/封装"→"吸附"，弹出吸附设置界面，如图 5-23 所示。

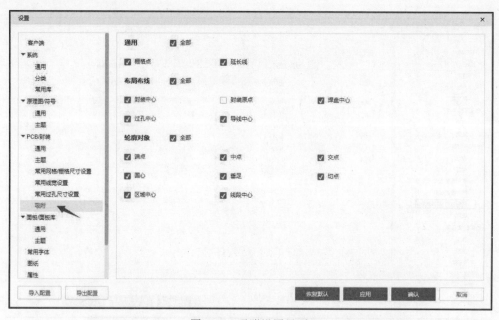

图 5-23　吸附设置界面

（1）通用。

- 全部：勾选该复选项吸附有效，不勾选吸附取消。
- 栅格点：勾选开启吸附栅格点，不勾选则关闭吸附栅格点。
- 延长线：在导线或折线的延长段会出现一段延长线，延长线只会在线条的平行和垂直间才能吸附到并出现，如图 5-24 所示。

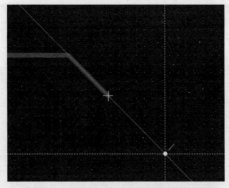

图 5-24　延长线

（2）布局布线。

- 封装原点：开启后吸附封装的原点，封装的原点是在绘制封装时设置的。
- 封装中心：封装的中心点，封装的中心点和封装的原点只能选择一个吸附。
- 焊盘中心：勾选后可吸附焊盘的中心点，取消勾选则不能吸附焊盘的中心点。
- 过孔中心：勾选后可吸附过孔的中心点，取消勾选则不能吸附过孔的中心点。
- 导线中心：勾选后可吸附导线的中心点，取消勾选则不能吸附导线的中心点，此设置只对导线有效，折线除外。

（3）轮廓对象。

- 端点：折线末端的端点，此设置只对折线有效，如图 5-25 所示。

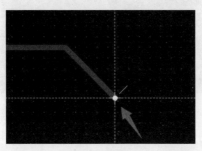

图 5-25　端点

- 中点：勾选后可吸附一条导线和折线的中心点，如图 5-26 所示。

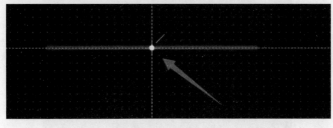

图 5-26　中点

- 交点：勾选后可吸附两条或多条线之间的相交点，如图 5-27 所示。

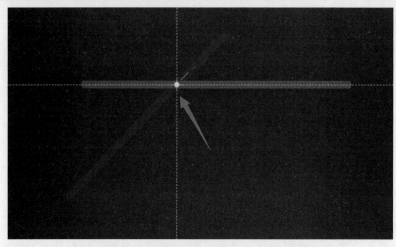

图 5-27　交点

● 圆心：勾选后可吸附圆形和圆弧的中心点，如图 5-28 所示。

图 5-28　圆心

● 切点：圆形和圆弧与中心的相切点，勾选后可吸附圆形和圆弧的相切点，如图 5-29 所示。

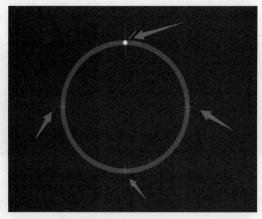

图 5-29　切点

● 区域中心：勾选后可吸附铺铜区域、填充区域或禁止区域的中心点，如图 5-30 所示。

图 5-30　区域中心

5.3　面板/面板库设置

面板也可以像原理图和 PCB 一样支持一些通用和主题的设置，可以对面板设置一些个人偏好。

按快捷键 I，在弹出的快捷菜单中选择"面板/面板库"→"通用"，弹出面板设置界面，如图 5-31 所示。

可以设置画布网格类型、默认网格尺寸、Alt 吸附（在绘制过程中按 Alt 键吸附应用该参数）等，如图 5-31 所示。

图 5-31　面板通用设置

也可以设置主题，单击设置字体颜色等，如图 5-32 所示。

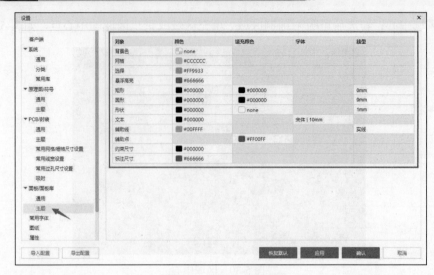

图 5-32　面板主题设置

这些设置修改后应用时会应用到当前文件，下次新建文档时也会应用这些设置。

5.4　常用字体

支持设置自己的常用字体。这些字体均需要已经安装在本地计算机才可以被编辑器调用，否则编辑器会自动使用浏览器提供的默认字体进行渲染。

添加自定义字体：

（1）安装自己需要的字体在本地计算机中，如果已经有字体可以忽略这一步。

（2）以 Windows 系统为例，在 Windows 屏幕上右击并选择"个性化"，弹出字体选择界面，如图 5-33 所示，在系统设置里找到字体设置，获取字体名称。

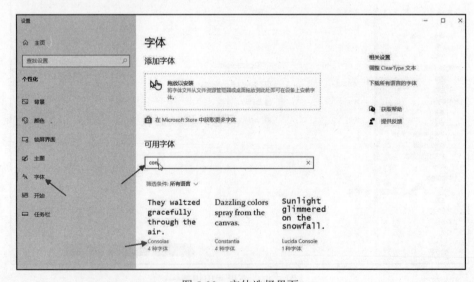

图 5-33　字体选择界面

（3）按快捷键 I，在弹出的快捷菜单中选择"常用字体"，弹出常用字体设置对话框，如图 5-34 所示，根据字体名称添加一个字体。

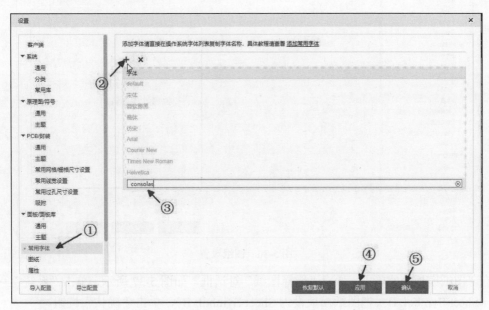

图 5-34　添加字体

（4）在原理图或 PCB 的文本字体切换中即可看到这个字体，此时可以进行字体切换，如图 5-35 所示。

图 5-35　新添加的字体

这个新添加的字体可以被原理图、面板、PCB 等使用。文本切换字体时可以看到新的字体。

5.5　图　　纸

设置新建工程时默认图纸的基本信息。

可以设置新建工程时所应用的图纸模板和图纸中属性默认设置的属性值。按快捷键 I，在弹出的快捷菜单中选择"图纸"，弹出图纸设置对话框，如图 5-36 所示。

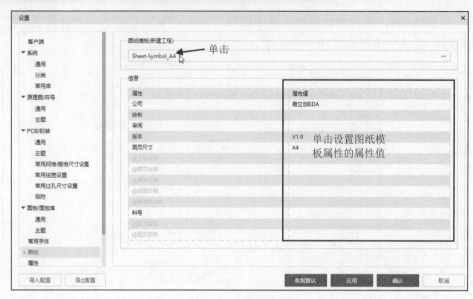

图 5-36 图纸设置

在"图纸模板"处单击，弹出"选择图纸"对话框，如图 5-37 所示，单击"系统"→"全部"→Sheet-Symbol_B（把图纸模板设为 Sheet-Symbol_B），单击"确认"按钮。

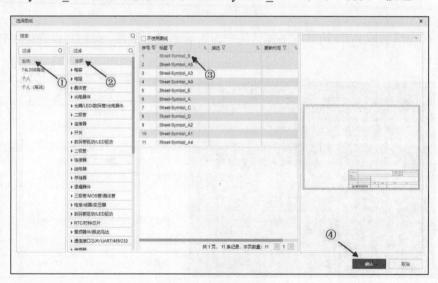

图 5-37 修改图纸模板

修改图纸模板属性的属性值（公司：重测厂；绘制：刘毅；审阅：徐辉），如图 5-38 所示。这个设置只对新建工程有效。

现在用户来新建一个工程，检验能否使用以上设置。执行"文件"→"新建"→"工程"命令，弹出"新建工程"对话框，输入工程名及描述，单击"保存"按钮，即会新建一个工程，新建工程的图纸模板如图 5-39 所示，该模板应用了用户的设置。

嘉立创 EDA 给出的标准图纸格式中主要有公制图纸格式（A4～A0）和英制图纸格式（A～E），各种规格的图纸尺寸如表 5-1 所示。

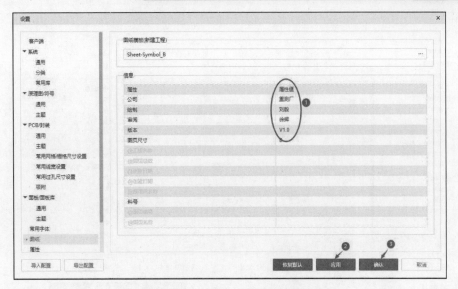

图 5-38 修改图纸模板属性的属性值

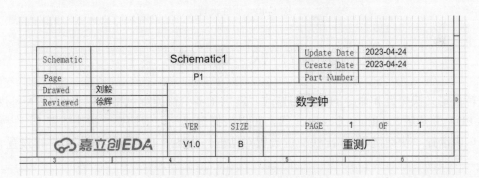

图 5-39 新建工程的图纸模板

表 5-1 各种规格的图纸尺寸

代号	尺寸/英寸	代号	尺寸/英寸
A4	11.5×7.6	A	9.5×7.5
A3	15.5×11.1	B	15×9.5
A2	22.3×15.7	C	20×15
A1	31.5×22.3	D	32×20
A0	44.6×31.5	E	42×32

如果需要修改工程内的图纸，请参考 7.1 节。

5.6 属　性

添加或删除器件、封装、符号等的自定义属性，方法为：按快捷键 I，在弹出的快捷菜单中选择"属性"，弹出属性设置对话框，如图 5-40 所示，在其中进行设置。

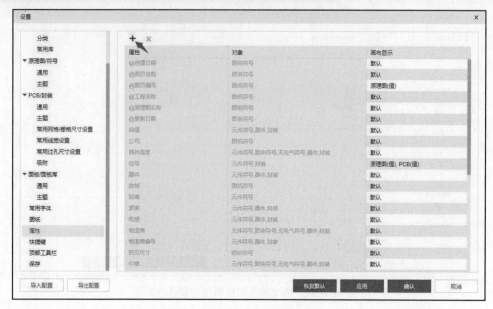

图 5-40　属性设置

5.7　快　捷　键

支持自定义快捷键和命令的查看与修改。提供了多个快捷键风格：嘉立创 EDA 标准版、嘉立创 EDA 专业版、Altium Designer 等，可以根据自己的习惯切换。按快捷键 I，在弹出的快捷菜单中选择"快捷键"，弹出快捷键设置对话框，如图 5-41 所示，在其中进行设置。

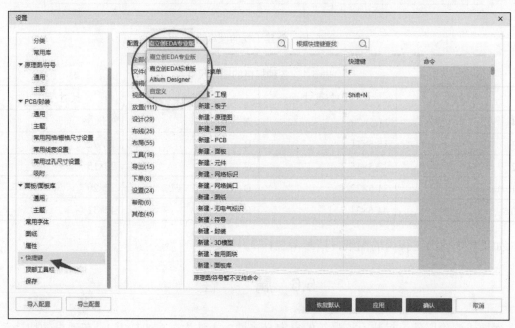

图 5-41　快捷键设置

修改的自定义快捷键应用后会保存在个人偏好中并同步到云端。

5.8 顶部工具栏

嘉立创 EDA 的原理图、PCB、符号、封装编辑的操作界面均类似，顶部为主菜单栏和主工具栏，左侧面板、右侧面板和底部面板组成工作区面板，中心区域为编辑区。工作区面板与编辑区之间的界线可根据需要进行拖动。除主菜单栏外，主工具栏和各面板均可根据需要打开或关闭。

打开与关闭可以通过"视图"下拉菜单（图 5-42）完成，勾选相应的复选项表示打开，未勾选表示关闭。通过此菜单还可以对编辑界面的网格尺寸、网络类型进行设置。

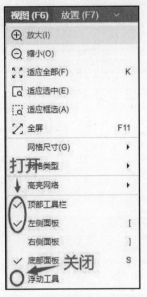

图 5-42 "视图"下拉菜单

用户也可以对顶部工具栏中的快捷按钮进行添加和删除设置，顶部工具栏如图 5-43 所示。

图 5-43 顶部工具栏

按快捷键 I，在弹出的快捷菜单中选择"顶部工具栏"，弹出顶部工具栏设置界面，如图 5-44 所示。从图中可以看出右边的已选项就是图 5-43 中顶部工具栏上显示的，分隔符就是顶部工具栏上的竖线。如果勾选了左边的可选项，右边已选项就会显示，可以通过"向上"按钮和"向下"按钮将添加的工具移动到合适的位置。

现在将顶部工具栏中的"阵列对象"按钮删除，添加"复制"按钮和"粘贴"按钮，单击"应用"按钮和"确认"按钮，如图 5-45 所示。设置好后的顶部工具栏如图 5-46 所示。

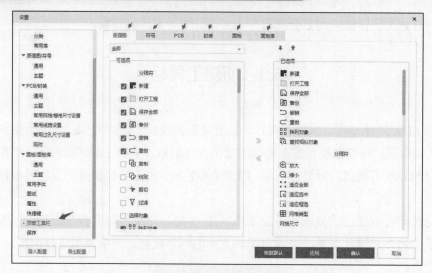

图 5-44　与图 5-43 相对应的顶部工具栏设置

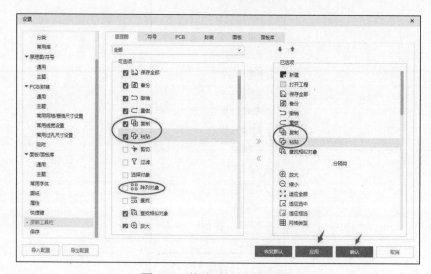

图 5-45　修改顶部工具栏设置

图 5-46　该工具栏是图 5-45 中的设置结果

以上原理图顶部工具栏的设置适用于 PCB、符号、封装编辑器顶部工具栏的设置。

5.9 保　　存

可设置文档自动保存、保存的时间和数量、工程的自动备份参数等，如图 5-47 所示。

"自动备份"会将当前工程自动备份到云端，当工程删除后云端备份也会一起删除。"工程备份恢复"命令在顶部文件菜单，可将备份找回。

如果你使用的是客户端在线模式，会自动备份在线工程于本地，备份路径在客户端设置。

图 5-47　保存设置

本 章 小 结

本章介绍了原理图、PCB 绘制的操作界面配置，面板、面板库的设置，常用字体、属性、快捷键、顶部工具栏的设置等。用户可以有针对性地选择学习，对于没有介绍的内容最好选用系统默认的设置。

习 题 5

1．嘉立创 EDA（专业版）原理图编辑器中的常用工具栏有哪些？各种工具栏的主要用途是什么？怎么打开和关闭？

2．嘉立创 EDA（专业版）PCB 编辑器中的常用工具栏有哪些？各种工具栏的主要用途是什么？怎么打开和关闭？

3．如何将原理图、PCB 编辑器的可视网格设置成"网格"或"网点"？

4．如何将原理图、PCB 编辑器的光标形状设置为大十字光标、小十字光标、始终显示十字光标？

第6章 器件库、符号库、封装库

任务描述

通过前面的学习，大家已对专业版有了一个初步的认识，从本章起开始对专业版的功能进行学习。嘉立创 EDA 拥有百万元件库，这些元件库全部保存在云端，用户想要什么直接在线搜索即可，但是画库这项老本领用户也是需要掌握的，所以先来学习如何创建属于自己的器件库。本章包含以下内容:

- 器件库、符号库、封装库、复用图块库的概念。
- 创建电阻 R_0805 的器件、符号、封装。
- 用向导创建符号、封装。
- 创建多部件器件。
- 打造属于个人的常用库。

嘉立创 EDA（专业版）内置的元器件库及网上元器件库的资源已经相当丰富，平常用户在进行电路设计的过程中基本省去了自己画库的麻烦。案例"多谐振荡器"的元器件用的是常用库内的元器件，而案例"数字钟的设计"，由于元器件较多，常用库内的元器件不能满足要求，需要在网上查找元器件。有的元件能在网上查到，有的元件不能查到，有的元件查到后符号、封装不能满足用户的要求，需要修改器件、符号、封装。因此用户有必要学习器件库、符号库、封装库的创建方法。嘉立创 EDA（专业版）提供了制作这些库的相应工具。

6.1 概　　述

器件库说明

嘉立创 EDA 的库分为器件库、符号库、封装库、复用图块库。

器件 = 符号 + 封装 + 3D 模型。可以很好地进行符号、封装、3D 库等复用。新建器件需要关联符号、封装等。

只支持放置器件在原理图或 PCB 上，当器件放置到原理图后，它会带上符号，此时实例化为元件。画布上的器件为元件。

嘉立创 EDA 的元件库从另一个角度看可以分为常用库、元件库、立创商城的库、嘉立创 EDA 的系统库。

元件库中包含了系统库、个人库、工程库、收藏库和专业版使用团队库，又包含了器件库、符号库、封装库、复用图块库。

（1）符号。符号是元器件在原理图上的表现形式，主要由元器件边框、引脚、元器件名称和元器件说明组成，通过放置的引脚来建立电气连接关系。符号中的引脚序号是与电子元器件实物的引脚一一对应的。

（2）封装。封装是指与实际元器件形状和大小相同的投影符号。

符号库是所有元器件原理图符号的集合，封装库是所有元器件 PCB 封装符号的集合，器件库是在原理图库（符号库）和 PCB 库的基础上建立的，器件库可以让原理图的元件关联（绑定）PCB 封装、电路的仿真模块、3D 模型等文件，方便设计者直接调用存储。

（3）复用图块。在绘制复杂的原理图时就需要用到复用图块，复用图块换一种说法就是层次原理图设计。

打开前面完成的多谐振荡器工程，把左侧的常用库面板及底部的元件库面板打开，如图 6-1 所示，可以看清楚以上库的构成。

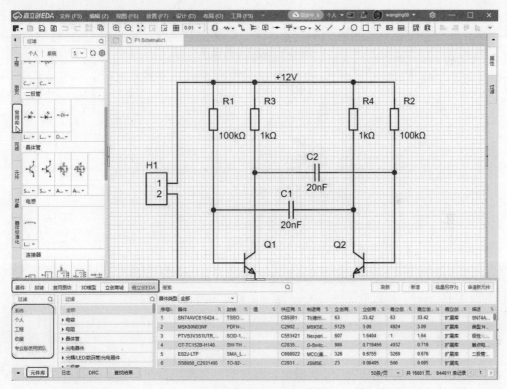

图 6-1　常用库元件库

6.1.1　常用库的设置

在原理图和 PCB 下可以设置常用库，可以根据自己的使用习惯进行设置，如图 6-2 所示。给常用库设置组合后，相同组合可以在同一个缩略图下产生下拉，如图 6-3 所示。

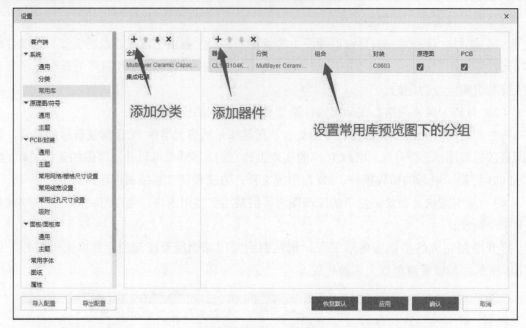

图 6-2　常用库的设置

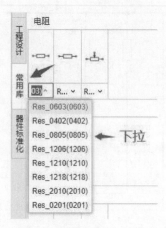

图 6-3　相同组合产生下拉

6.1.2　器件库

器件库是包含了符号、封装、3D 模型、图片的一个库。器件库有系统的器件库、个人的器件库和团队的器件库，如图 6-4 所示。

图 6-4　器件库

使用筛选器可快速找到想要的零件，比如输入 0603 可快速搜索出与 0603 有关的器件，如图 6-5 所示。

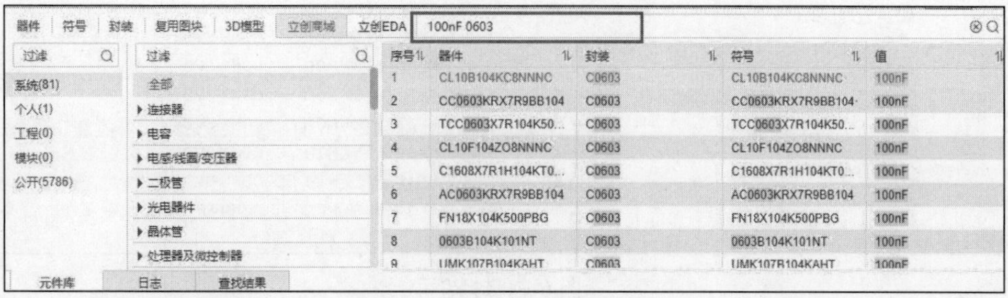

图 6-5　筛选器可快速查找元件

可以双击器件列表或者选中后单击"放置"按钮进行放置，底部面板会自动收起，取消放置时会再自动打开。

6.1.3　符号库

符号库是所有元器件原理图符号的集合，其中的符号仅仅是有一个符号而已，没有封装和 3D 模型，符号库的符号不能放置在原理图的画布中，需要绑定器件才允许放置在画布中。符号库有系统的符号库、个人的符号库、团队的符号库，如图 6-6 所示。

图 6-6　符号库

注意：系统的符号库不可编辑。

6.1.4　封装库

封装是指与实际元器件形状和大小相同的投影符号，封装库是所有元器件 PCB 封装符号的集合。封装库也有系统的封装库、个人的封装库、团队的封装库，如图 6-7 所示。

元件库在 PCB 界面底部的面板中，元件库中的器件库可以直接在 PCB 界面中放置器件。

元件库不但包含了系统库、个人库、收藏库和加入团队的元件库，而且包含了器件库、符号库、封装库、复用图块库，如图 6-8 所示。

图 6-7　封装库

图 6-8　元件库

6.2　创建器件库

一般需要创建符号，创建封装，创建 3D 模型。创建符号（封装）有 3 种方法：符号（封装）向导、自由绘制、修改商城符号（封装）；创建 3D 模型最好用相应的 3D 模型软件，在这里直接导入 step、stp、obj 格式的 3D 文件即可。器件一般要绑定符号、封装、3D 模型、图片，如图 6-9 所示。

图 6-9　器件包含符号、封装、3D 模型等

器件库主要讲解一个电阻和一个多部件，用向导来创建符号、封装，再介绍如何打造属于个人的常用库。

6.2.1　新建贴片电阻

执行"文件"→"新建"→"元件"命令，弹出"新建器件"对话框，

新建贴片电阻器件

如图 6-10 所示。这里以电阻 0805 为例介绍新元件的创建步骤。

图 6-10   "新建器件"对话框

- 所有者：元件归属用户或团队。
- 器件：器件的类型和名称。
- 分类：单击可对当前绑定的元件进行分类，对器件进行分类设置可方便管理和维护。
- 描述：元件的描述。

在元件名称处输入电阻的名称 R_0805，单击"管理分类"会弹出"设置"对话框，单击一级分类的 + 按钮，新建电阻一级分类；单击二级分类的 + 按钮，新建贴片电阻二级分类，如图 6-11 所示，单击"应用"按钮和"确认"按钮后返回"新建器件"对话框，选择分类"电阻—贴片电阻"，输入描述，如图 6-12 所示。

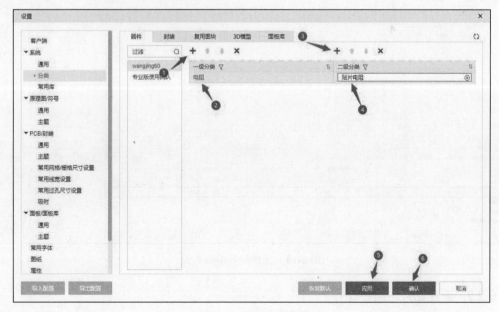

图 6-11   新建电阻分类

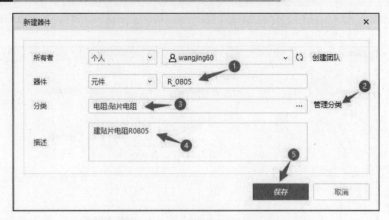

图 6-12　输入新建器件的属性

单击"保存"按钮后弹出绘制元件符号编辑界面，如图 6-13 所示，在这里可以绘制电阻 R0805 的元件符号。

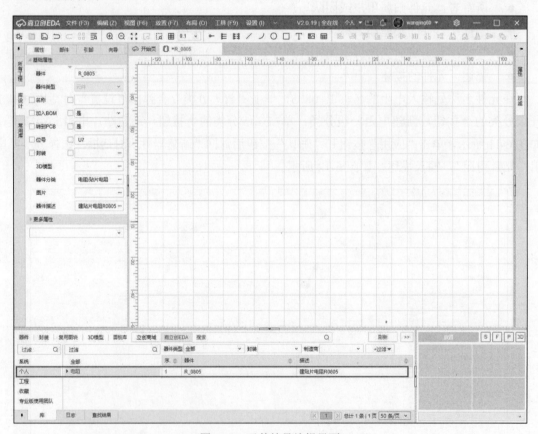

图 6-13　元件符号编辑界面

6.2.2　新建贴片电阻符号

把网格设置为 0.01（⊞ 0.01 ∨ ），绘制矩形框，执行"放置"→"矩形"命令或者单击工具栏中的 □ 图标，此时光标箭头变为十字光标并带有一个矩形的形状。在图纸中移动十字光标到坐标原点，单击鼠标左键确定矩形的一个顶点；然后继续移动十字光标到另一位置，单击鼠标左键确定矩形的另一个顶点。这时矩形放置完毕，十字光标仍然带有矩形的形状，可以继续绘制其他矩形。

单击鼠标右键退出绘制矩形的工作状态。在图纸中双击矩形（选中矩形），单击设计界面右侧的"属性"面板，可以在其中调整矩形的高度、宽度、线宽、填充颜色等属性。选中矩形，四个角出现绿色的小圆点，如图6-14所示，鼠标选中小原点即可调整矩形框的大小。

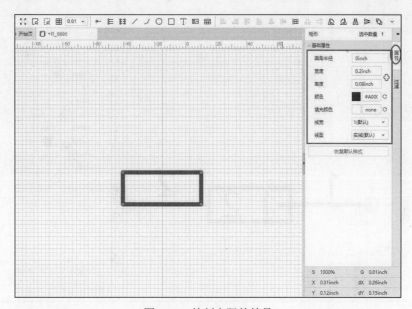

图6-14 绘制电阻的符号

右侧属性面板底部区域显示当前画布和光标状态。

参数说明如下：

- S（Scale）：画布缩放倍数。
- G（Grid）：画布格点X、Y尺寸，原理图只有一个值。
- X（X）：光标当前坐标X。
- Y（Y）：光标当前坐标Y。
- dX（Distance X）：当前光标在X轴移动的距离。
- dY（Distance Y）：当前光标在Y轴移动的距离。

元件引脚代表了元件的电气属性，为元件添加引脚的步骤如下：

（1）执行"放置"→"引脚"→"单引脚"命令或者单击工具栏中的放置引脚图标 ⊶，光标处浮现带电气属性的引脚。

（2）当引脚"悬浮"在光标上时，设计者可按空格键以90°间隔逐级增加来旋转引脚。记住，引脚只有其小圆点端（也称热点）具有电气属性，如图6-15所示，在绘制原理图时只能通过热点与其他元件的引脚连接。不具有电气属性的另一端靠近该引脚的名字字符。

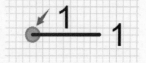

图6-15 引脚的电气属性端

在图纸中移动光标，在适当的位置单击鼠标左键可放置元器件的第一个引脚。此时鼠标仍保持为放置引脚状态，可以在适当位置继续放置元件引脚，连续放置引脚时引脚的编号和引脚名称中的数字会自动增加。放置完成后单击鼠标右键退出。

（3）编辑引脚属性。按住 Ctrl 键可以同时选中引脚 1 和引脚 2，单击右侧的"属性"面板（图 6-16）可以编辑引脚名称、引脚编号；勾选引脚名称、引脚编号右边的复选框 ✅ 表示显示引脚名称、引脚编号，如果未勾选 ☐ 则表示隐藏引脚名称、引脚编号；修改引脚的长度为 0.1 英寸，引脚的类型改为双向，如图 6-17 所示。

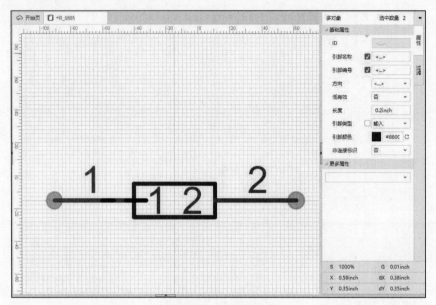

图 6-16　引脚修改前

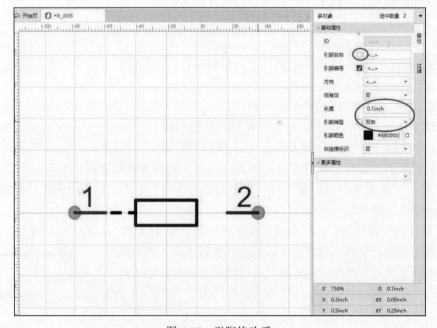

图 6-17　引脚修改后

（4）移动引脚，建好的电阻符号如图 6-18 所示，单击"保存"按钮 🖺 保存建好的电阻符号。

（5）如果退出符号编辑界面后还需要修改电阻符号，则在底部"库"面板的器件名称（R_0805）处右击并选择"编辑器件"，如图 6-19 所示。

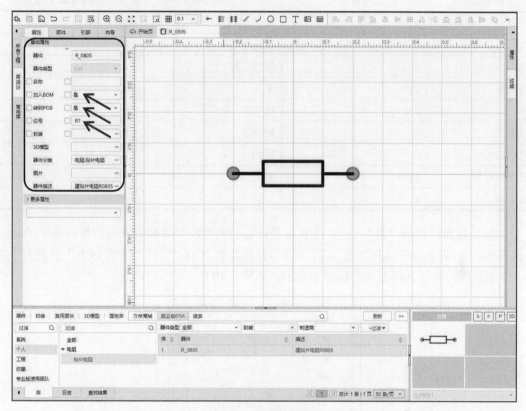

图 6-18　新建电阻符号

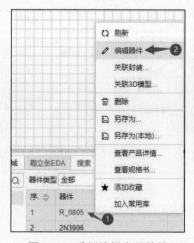

图 6-19　重新编辑电阻符号

（6）设置器件 R_0805 的属性，修改位号为 R?，电阻的位号首字符是 R，"?"表示在绘制原理图放置电阻时 R 后面的数字会自动加 1。

常用器件位号如表 6-1 所示。

表 6-1　常用器件位号

器件类型	位号首字母	器件类型	位号首字母
电阻	R	开关/按键	SW、KEY
电容	C	保险丝	F
电感	L	集成芯片	U、IC
电位器	RP	晶振	X、Y
排	RN	电机	M
二极管	D	蜂鸣器	BZ
三极管/MOS 管	Q	接插件	H、J、P
发光二极管	LED	检测点	TP
继电器	K		

"加入 BOM"选择"是"，表示 PCB 板设计好后需要购买器件时产生的材料清单（BOM）有该器件；"转到 PCB"选择"是"，表示该器件能转到 PCB；当把"转到 PCB"设置为"否"时，该器件符号将不会在封装管理器中显示，如图 6-20 所示。

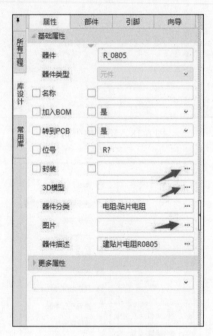

图 6-20　设置电阻属性

6.2.3　新建贴片电阻封装

对新建器件 R_0805 关联封装、3D 模型、图片等可以在画布右侧的属性面板中完成，单击"封装"右边的 ⋯ 图标，可选择对器件绑定封装；单击"3D 模型"右边的 ⋯ 图标，可选择对器件绑定 3D 模型；单击"图片"右边的 ⋯ 图标，可对器件绑定一个实物图片。

单击"封装"右边的 ⊡⊡⊡ 图标后弹出"封装管理器"对话框，如图 6-21 所示，在这里可以找到用户创建的封装库和系统自带的封装库，找到相应的封装，单击"确认"按钮即可添加封装到器件库中。现在用户单击"取消"按钮，学习新建贴片电阻 R_0805 的封装，然后关联。

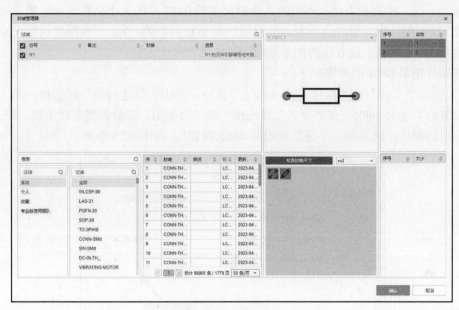

图 6-21　添加封装

一个电阻，可以有直插类型的封装，也可以有贴片类型的封装。所以封装创建是非常重要的，如果用户的封装画错了，那么实物肯定是焊接不上去的。特别是新手在初次设计电路时，经常乱用封装在用户板子上，板子打回来之后发现跟自己手头的元器件对不上去，焊接不上，这就是封装选错的原因。

封装一定要与实物匹配，否则就会出错。图 6-22 所示是从帮助中的视频复制下来的关于 0805 贴片电阻的一个封装尺寸规格图，第 1 幅图是实物 0805 的俯视图，第 2 幅图是 PCB 板子上的俯视图，后面两幅是 0805 的外形图和侧面图。根据这幅图，用户可以得到一些信息，它的名字叫 0805，是因为它的长是 0.08 英寸，上标代表的是英寸的符号，宽是 0.05 英寸，0603、0402 也是类似的。换算成毫米，长是 2.0mm，宽是 1.27mm。

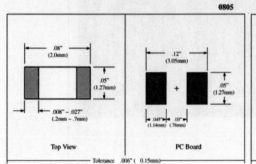
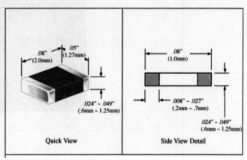

图 6-22　电阻 0805 的封装尺寸规格

注意：1 英寸=2.54 厘米；1 英寸=1000mil；1 厘米（cm）=10 毫米（mm）。

第 2 幅图，它的长度稍微长一些，是 3.05 毫米，方便焊接，看上去会露出一点，但是这个间距稍微小了一些，可能机器能够正常焊接，人工焊则有些困难，所以用户在设计的时候要把间距加大一些。这就是为什么不同的人绘制出来的 0805 库的大小会有差异。第 3 幅图是用来绘制 3D 模型的，用户暂时用不着，如果用户会 3D 建模的软件，可以根据这幅尺寸图去设计一个电阻的 3D 模型。最右边的图是侧面图，它还有高度信息。

新建贴片电阻 0805 的步骤如下：

（1）执行"文件"→"新建"→"封装"命令，弹出"新建封装"对话框，在"封装"处输入封装的名字 R_0805，在"分类"处选择一级分类电阻、二级分类贴片电阻，在"描述"处输入相应的描述，这里输入"建贴片电阻 0805 封装"，如图 6-23 所示。

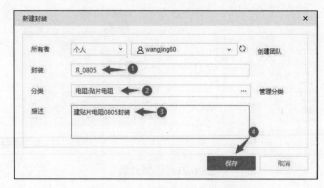

图 6-23 "新建封装"对话框

（2）单击"保存"按钮进入封装编辑界面，如图 6-24 所示。放置第一个焊盘，方法是执行"放置"→"焊盘"→"单焊盘"命令或者在工具栏中单击"放置焊盘"图标◎，进入焊盘放置状态，鼠标上悬浮着一个焊盘，在原点(0,0)放置第一个焊盘。

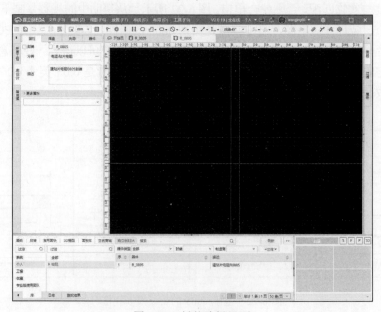

图 6-24 封装编辑界面

（3）选中焊盘，修改焊盘的属性，把"图层"改为"顶层"，"编号"为 1，"形状"为"矩形"，"宽"为 1.13mm，"高"为 1.37mm，1 号焊盘"中心 X"和"中心 Y"的值都为 0，"阻焊/助焊扩展"选择"自定义"，设置"阻焊扩展"为 0.051mm，如图 6-25 所示。

（4）选中 1 号焊盘，按 Ctrl+C 复制，选择参考点，鼠标向右边移动，保持 Y 坐标为 0，X 方向移动 1.93mm，按 Ctrl+V 粘贴；选中粘贴的焊盘，修改焊盘属性，把编号改为 2，"中心 X"的值为 1.93mm，如图 6-26 所示。

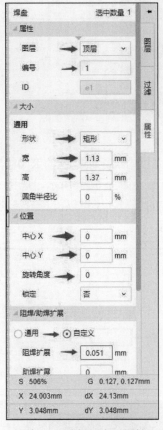

图 6-25　编辑焊盘 1 属性

图 6-26　编辑焊盘 2 属性

（5）在画布右边单击"图层"面板，激活顶层丝印层。执行"放置"→"线条"→"折线"命令或者单击工具栏中的 ⬚ 图标，光标上悬浮着折线，按 Tab 键，弹出修改线宽输入值的对话框，把线宽改为 0.15mm，单击"确认"按钮，如图 6-27 所示。绘制围绕焊盘的框，如图 6-28 所示，0805 的封装绘制完成，单击"保存"按钮。

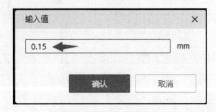

图 6-27　修改线宽

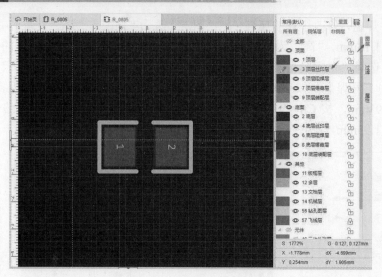

图 6-28　电阻 0805 的封装

（6）激活 R_0805 的符号编辑界面，在左侧的属性面板中绑定刚建立的 R_0805 的封装。单击"封装"右边的 ⋯ 图标，弹出"封装管理器"对话框，如图 6-29 所示，选择"个人"，选择"贴片电阻"，单击 R_0805，对话框右下角显示封装的符号，还可以检查封装的尺寸，正确后单击"确认"按钮，封装绑定完成。重新启动即显示。

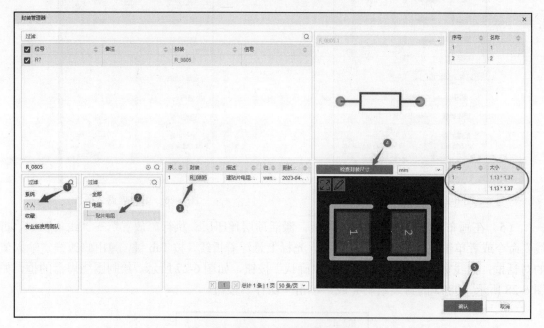

图 6-29　电阻 0805 器件绑定封装

（7）在左侧的属性面板中关联 3D 模型。单击"3D 模型"右边的 ⋯ 图标，弹出"3D 模型"对话框，在"过滤"栏中输入 R0805，显示以 R0805 开头的所有 3D 模型，选择 R0805_L2-W1.3-H1.3.Step 文件，单击右上角的"自动"按钮，调整 Z 为 1.3mm，单击"更新"按钮，完成添加 3D 模型，如图 6-30 所示。重新启动即显示。

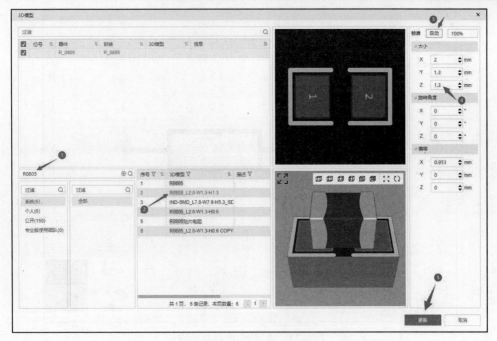

图 6-30　电阻绑定 3D 模型

（8）在左侧的属性面板中关联电阻的图片。单击"图片"右边的 ⋯ 图标，弹出"上传图片"对话框，如图 6-31 所示，单击 ✚ 图标，弹出"打开"对话框，如图 6-32 所示，选择要上传的图片文件（只支持图片格式的文件，不支持图片链接），单击"打开"按钮返回"上传图片"对话框，选择完图片后可在对话框内查看到图片的预览，单击"上传"按钮，上传完成后单击"确认"按钮即可把图片添加到器件中。重新启动即会在画布底部库面板右下角显示全部关联的符号、封装、3D 模型、图片，如图 6-33 所示。

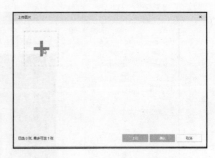

图 6-31　"上传图片"对话框

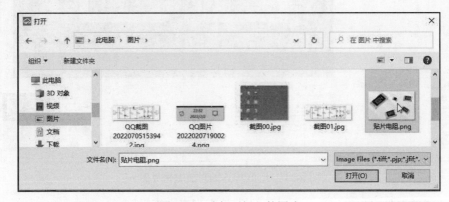

图 6-32　选择要插入的图片

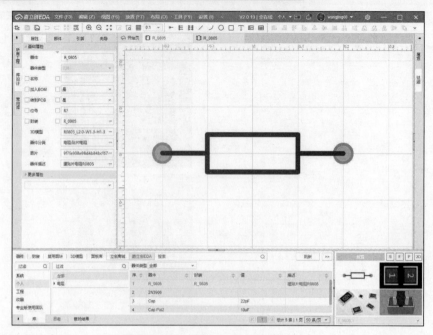

图 6-33　电阻 0805 创建完成

电阻 0805 封装的编辑界面如图 6-34 所示。

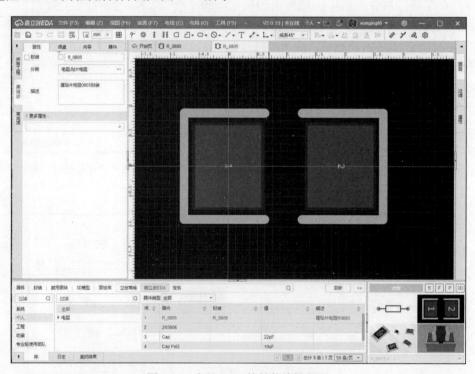

图 6-34　电阻 0805 的封装编辑界面

创建完成的器件可以在底部面板的器件元件库列表中查看到。

添加完符号、封装和相应的属性之后即完成了器件的创建。

6.2.4 用向导创建 2 输入与非门 74LS00 的符号

在原理图编辑界面下，执行"放置"→"器件"命令，弹出"器件"对话框。在搜索栏中输入 74LS00，单击"搜索"按钮 🔍，查找结果如图 6-35 所示。

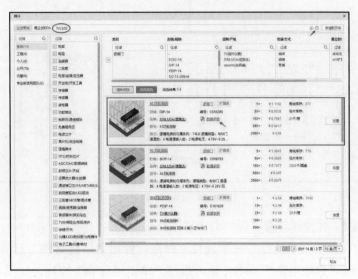

图 6-35　查找器件

单击"数据手册"查看 74LS00 的参数和封装，如图 6-36 和图 6-37 所示，这里用向导创建 2 输入与非门 74LS00 的元件符号。

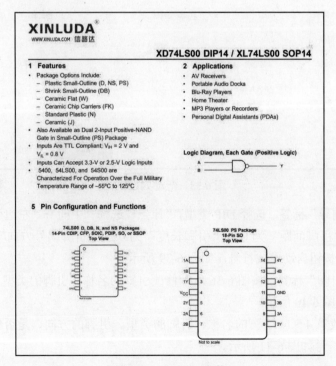

图 6-36　74LS00 参数

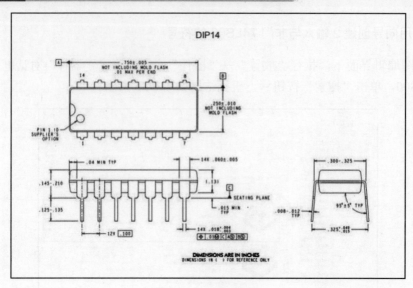

图 6-37　DIP14 封装

1．用向导创建 74LS00 符号

（1）执行"文件"→"新建"→"元件"命令，弹出"新建器件"对话框，输入器件的名字 74LS00，创建"集成电路"分类，输入描述，单击"保存"按钮，如图 6-38 所示，弹出新建器件编辑界面。

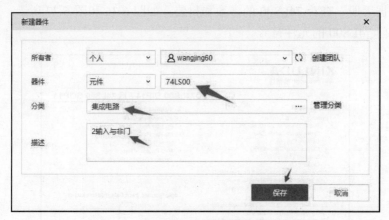

图 6-38　新建 74LS00

（2）单击"向导"标签，选择 DIP 类型，"原点"选择"中间"，"左边引脚数"为 7，"右边引脚数"为 7，"引脚间距"为 0.1，"引脚长度"为 0.2，"引脚编号方向"为"逆时针圆"，单击"生成符号"按钮自动生成符号，如图 6-39 所示。

（3）单击"引脚"标签，按图 6-36 所示修改引脚的名称、引脚的类型、引脚的方向、是否低电平有效，如图 6-40 所示。

（4）继续修改第 4～14 引脚的名称、引脚的类型、引脚的方向、是否低电平有效，修改完成后的 74LS00 符号如图 6-41 所示。

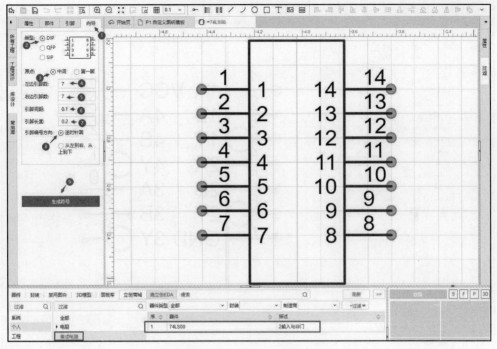

图 6-39　用向导生成符号

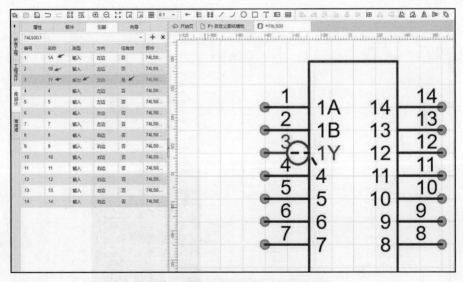

图 6-40　修改引脚的名称及类型等参数

2. 设置 74LS00 的属性

用上面介绍的关联（绑定）封装、3D 模型、图片等方法对 74LS00 关联封装、3D 模型、图片可以在画布左侧的属性面板中完成，单击"封装"右边的 ⋯ 图标，弹出"封装管理器"对话框，如图 6-42 所示，可以选择系统封装库的 DIP-14 封装。如果对选定的 DIP-14 封装的尺寸进行测量，则单击"铅笔"按钮 ✎ ，弹出测量封装尺寸的对话框，如图 6-43 所示，可以测定两个焊盘之间的距离为 100mil，两排焊盘之间的距离为 300mil，封装尺寸正确，绑定该封装。

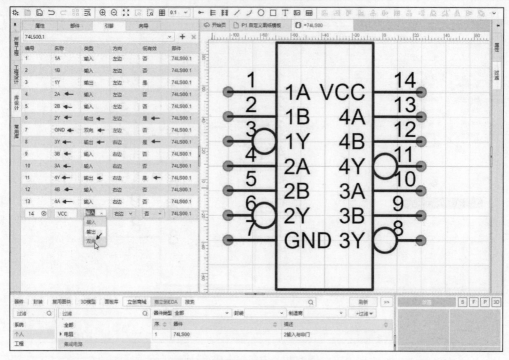

图 6-41　74LS00 的符号绘制完成

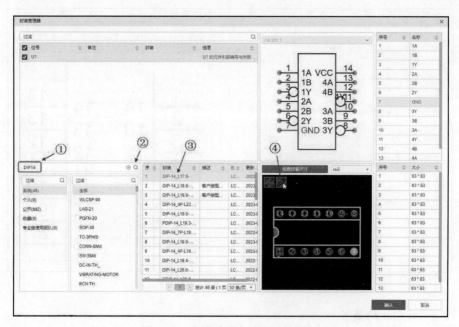

图 6-42　查找系统库 DIP14 的封装

单击"3D 模型"右边的 ⋯ 图标，弹出"3D 模型"对话框，如图 6-44 所示，在"过滤"栏中输入 DIP14，显示以 DIP 开头的所有 3D 模型，选择 CDIP-14_L19.1-W6.4-P2.54-LS7.8-BL.Step文件，调整 Z 为-2.8mm，单击"更新"按钮即完成了添加 3D 模型。

单击"图片"右边的 ⋯ 图标可对其器件绑定一个实物图片。

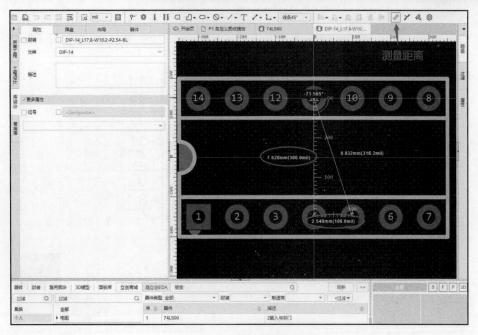

图 6-43 测量封装尺寸

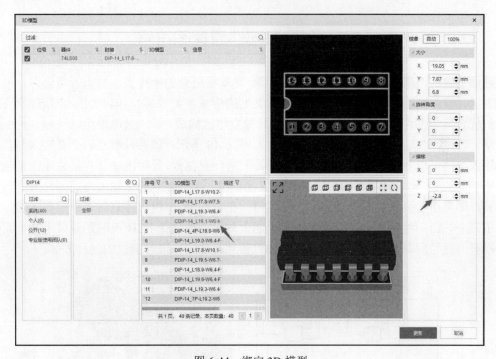

图 6-44 绑定 3D 模型

如果要调整引脚序号、名称的位置，则选中移动即可。把矩形框的高度缩短，方法是选中矩形框，框的四个角有小的绿色的点，拖动移动。建好的器件 74LS00 如图 6-45 所示。

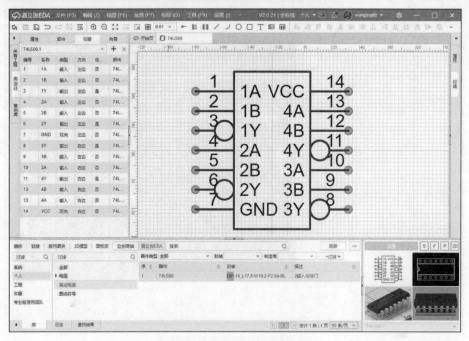

图 6-45　74LS00 器件创建完成

6.3　创建多部件原理图符号

前面创建的电阻模型代表了整个元件。第 7 章将用到的单片机、数码管等器件，单一模型代表了元器件制造商所提供的全部物理意义上的信息（如封装）。但有时一个物理意义上的元件只代表某一部件会更好。比如一个由 8 只分立电阻构成，每一只电阻可以被独立使用的电阻网络。再比如 2 输入四与门芯片 74LS08，如图 6-46 所示，该芯片包括四个 2 输入与门，这些 2 输入与门可以独立地被随意放置在原理图上的任意位置，此时将该芯片描述成四个独立的 2 输入与门部件，比将其描述成单一模型更方便实用。四个独立的 2 输入与门部件共享一个元件封装，如果在一张原理图中只用了一个与门，在设计 PCB 板时还是用一个元件封装，只是闲置了三个与门；如果在一张原理图中用了四个与门，在设计 PCB 板时还是只用一个元件封装，没有闲置与门。多部件元件是将元件按照独立的功能块进行描绘的一种方法。

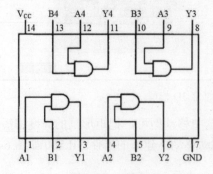

图 6-46　2 输入四与门芯片 74LS08 的引脚图和实物图

6.3.1　多部件符号的创建——2 输入与门 74LS08

执行"文件"→"新建"→"元件"命令，弹出"新建器件"对话框，如图 6-47 所示，在"器件名称"处输入 74LS08，"分类"选择"集成电路"，"描述"输入"2 输入与门"，单击"保存"按钮，弹出原理图符号编辑界面。

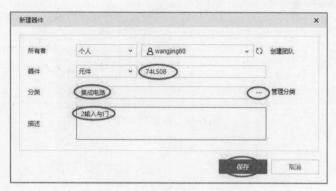

图 6-47　"新建器件"对话框

绘制 74LS08 符号的步骤如下：

（1）将网格调整为 0.01（ 田 0.01 ），执行"放置"→"折线"命令，绘制 74LS08 第一个部件的左边及上下边。执行"放置"→"圆弧"命令，单击圆弧的起点后再单击圆弧的终点，鼠标向右拉半径，绘制右半圆（圆弧的绘制方式为三点圆弧绘制，需要先绘制两个基点，然后第三点为拉伸点），按 Esc 键或鼠标右键退出折线、圆弧的绘制。

（2）执行"放置"→"引脚"→"单引脚"命令，放置第一个部件的引脚，按图 6-48 所示把引脚 1～3 的引脚名称改为 1A、1B、1Y，把 1Y 引脚的类型改为"输出"。

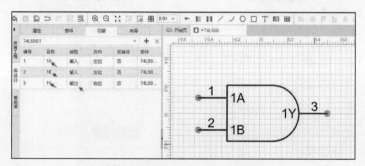

图 6-48　74LS08 的第一个部件

（3）选中第一个部件，按 Ctrl+C 复制，单击"部件"标签，再单击"添加部件"符号 ⊕，弹出新的空白编辑界面，按 Ctrl+V 粘贴第二个部件；再单击"添加部件"符号 ⊕，弹出新的空白编辑界面，按 Ctrl+V 粘贴第三个部件；重复上述步骤粘贴第四个部件，如图 6-49 至图 6-51 所示。

（4）单击"引脚"标签，修改部件 2～4 的引脚编号、名称和方向。

（5）添加电源 VCC（14）、地 GND（7）引脚，选中第一部件，在顶部工具栏中单击"放置引脚"按钮 ⊶，鼠标上悬浮着引脚，按 Tab 键，弹出"引脚"对话框，修改引脚的编号和名称，如图 6-52 所示。单击"引脚"标签，修改 VCC、GND 引脚的类型为"双向"。添加 VCC、GND 引脚后的部件 1 如图 6-53 所示。

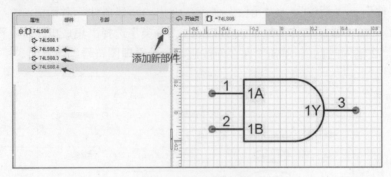

图 6-49　添加新部件

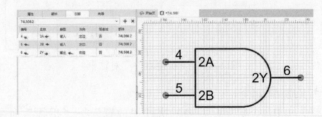

图 6-50　部件 2

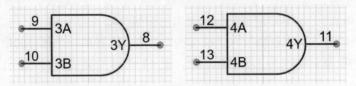

图 6-51　部件 3 和部件 4

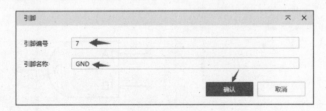

图 6-52　修改引脚的编号和名称

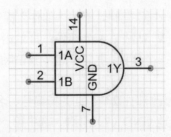

图 6-53　添加 VCC、GND 引脚后的部件 1

6.3.2　用向导创建 DIP14 封装

用向导创建
DIP14 封装

封装名称命名建议参考嘉立创 EDA 封装库命名参考规范.pdf，以使用科学的命名规则。

（1）执行"文件"→"新建"→"封装"命令，弹出"新建封装"对话框，如图 6-54 所示，在"封装"处输入 DIP-14，"分类"选择"集成电路"，在"描述"中输入"新建 DIP14 封装"，单击"保存"按钮，弹出封装编辑界面，如图 6-55 所示。

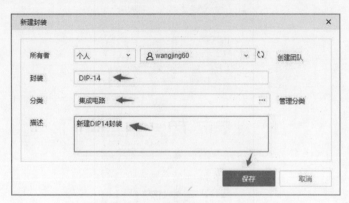

图 6-54　"新建封装"对话框

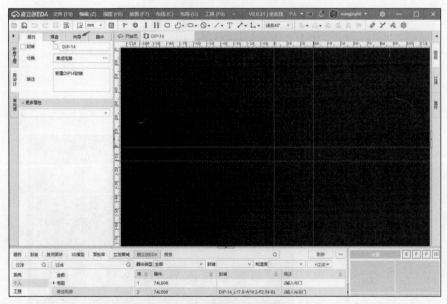

图 6-55　封装编辑界面

（2）单击"向导"标签，如图 6-56 所示，该向导可以创建多种类型的封装，这里选择双列直插式 DIP，弹出 DIP 向导，如图 6-57 所示。

（3）修改"引脚数量"为 14，"焊盘形状"选择"圆形"，其他选择默认值，检查封装尺寸正确，单击"生成封装"按钮即可自动生成 DIP-14 封装。可以单击"测量"按钮 ✏ 再次检查封装的尺寸。

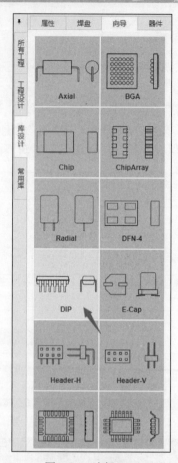

图 6-56　选择 DIP

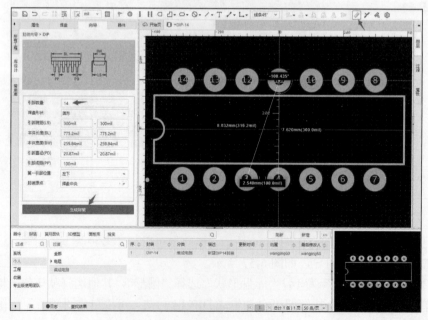

图 6-57　用向导创建 DIP-14 封装

（4）封装创建完成，单击"保存"按钮。

6.3.3 设置 2 输入与门 74LS08 的属性

在底部面板中单击"器件"标签，选中 74LS08，右击并选择"编辑器件"，弹出原理图符号编辑界面，选择"属性"标签，绑定刚创建的 DIP-14 封装，绑定 3D 模型，绑定图片，器件 74LS08 创建完成，如图 6-58 所示。

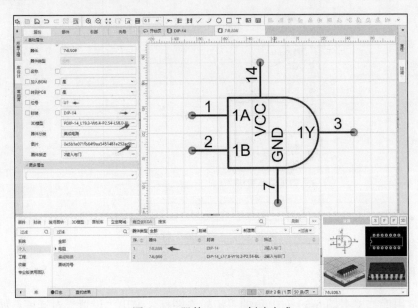

图 6-58　器件 74LS08 创建完成

6.3.4 高级符号向导

高级符号向导用于快速创建 IC 类型芯片的符号，它对符号的类型没有区分，只需要用户在模板中填写相应的数据，系统就能按照填写的数据生成符号（本书中没有讲解，请读者查看帮助文档）。

操作方法：选择"工具"→"高级符号向导"命令。

6.3.5 规格书提取向导

规格书提取向导用于快速创建 IC 类型芯片的符号，只需要用户在规格书中截图后粘贴，系统就能按照图片识别出符号的引脚信息，方便快速创建符号（本书中没有讲解，请读者查看帮助文档）。

操作方法：选择"工具"→"规格书提取向导"命令。

注意：这个功能需要联网，在客户端全离线模式下可能无法正常工作。

6.4　如何打造属于个人的常用库

如何打造属于
个人的常用库

打开原理图后，在左侧面板中可以看到一个"常用库"标签，支持展示系统内置的常用库，也支持自定义常用库，例如添加自建的 74LS00 和 74LS08 到常用库内。

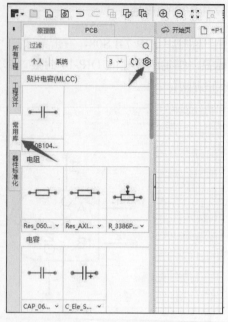

图 6-59 "常用库"标签

6.4.1 自定义常用库

自定义常用库：单击图 6-59 右上角的"齿轮"图标，弹出"设置"对话框，如图 6-60 所示，单击"加号"图标，弹出"器件"对话框，如图 6-61 所示，单击"个人"和"集成电路"显示用户自建的 74LS00 和 74LS08 两个器件，选择这两个器件后返回设置对话框，如图 6-62 所示，单击"应用"按钮和"确认"按钮，"常用库"面板自动更新，结果如图 6-63 所示，添加自定义常用库完成。

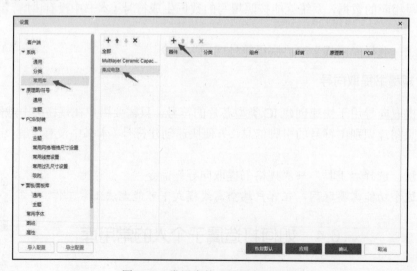

图 6-60 常用库的"设置"对话框

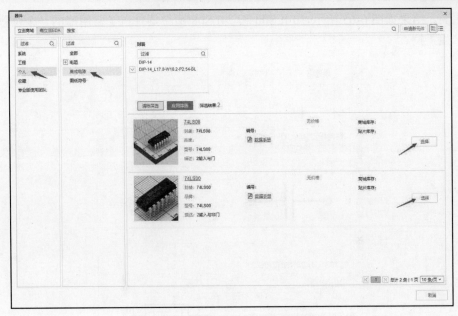

图 6-61　选择添加到常用库的器件

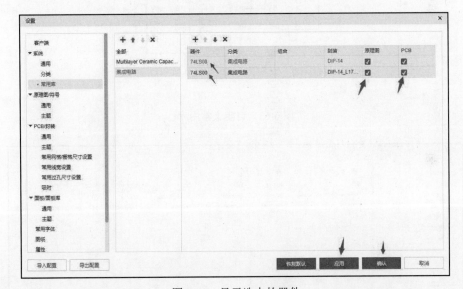

图 6-62　显示选中的器件

器件后面的原理图和 PCB 勾选项表示该器件是否显示在原理图或者 PCB 的常用库中。

注意： 当编辑器第一次打开的时候，会自动生成常用库的缩略图，当计算机性能较差时常用库的缩略图展示会比较慢。

6.4.2　相同组合下产生下拉

由于自建的 74LS00 和 74LS08 两个器件占了常用库的两个位置，为了让它们组合占一个位置，单击图 6-59 右上角的"齿轮"图标，弹出"设置"对话框，如图 6-64 所示，在"组合"处输入"双列直插"，把它们定义为一个组合，单击"应用"按钮和"确认"按钮，常用库面板自动更新，结果如图 6-65 所示，74LS00 和 74LS08 两个器件占了常用库的一个位置，相同组合下产生下拉。

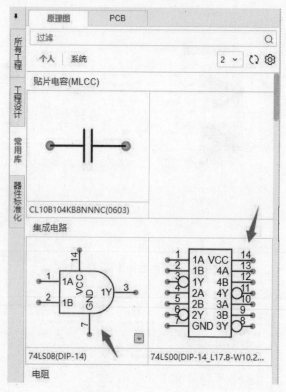

图 6-63 自定义常用库

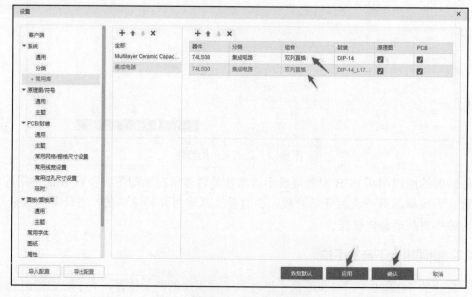

图 6-64 定义组合

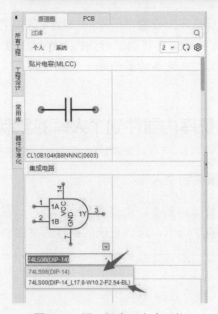

图 6-65　同一组合下产生下拉

6.4.3　PCB 的常用库

打开 PCB 后,在左侧面板中可以看到一个"常用库"标签,支持展示系统内置的常用库,也支持自定义常用库,如图 6-66 所示。PCB 的常用库可以很方便地给不需要绘制原理图的设计使用。

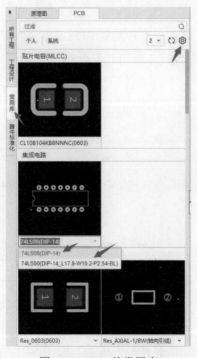

图 6-66　PCB 的常用库

设置常用库的操作和前面原理图设置常用库的一致，是共用的。设置的常用库根据器件绑定的封装显示出预览，并支持单击后移动鼠标到画布进行放置。

说明：系统库不支持修改。系统库的器件是无法编辑的，需要编辑者将其保存为个人后再编辑。

6.5 系统库内器件到个人库的复制与修改

6.5.1 复制系统库内的器件到个人库

（1）在底部库面板的系统库内选中一个需要复制的器件，右击并选择"另存为（本地）"，弹出"保存"对话框，如图 6-67 所示，选择正确的路径后单击"保存"按钮。

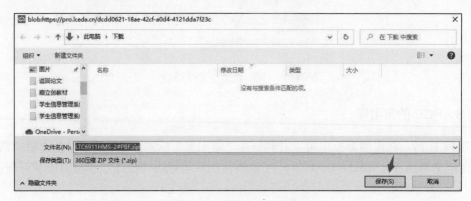

图 6-67 "保存"对话框

（2）执行"文件"→"导入"→"嘉立创 EDA（专业版）"命令，弹出"打开"对话框，如图 6-68 所示，选择刚导出的文件，单击"打开"按钮，弹出"导入"对话框，如图 6-69 所示。

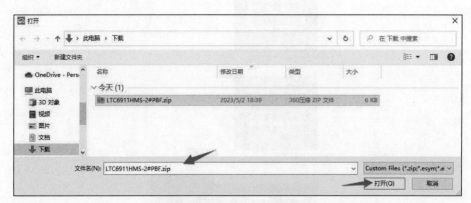

图 6-68 "打开"对话框

（3）选择"提取库文件"单选项，单击"导入"按钮，弹出"导入库文件"对话框，如图 6-70 所示，单击"导入"按钮，器件导入成功，如图 6-71 所示。

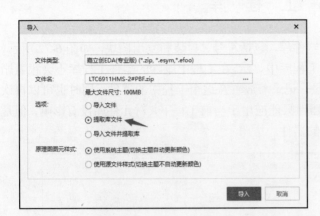

图 6-69   "导入"对话框

图 6-70   "导入库文件"对话框

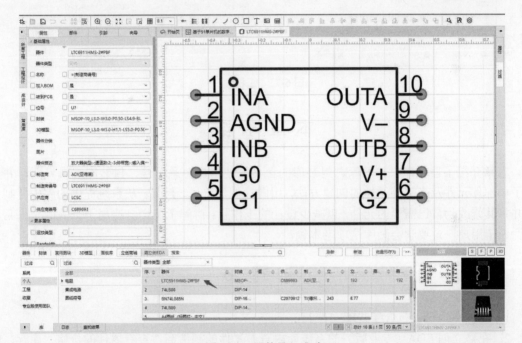

图 6-71   器件导入成功

6.5.2   修改刚导入到个人库的器件

在图 6-71 中，在底部库面板选中个人库，即可查看刚导入的器件，选中刚导入的器件按鼠标右键，弹出下拉菜单，选"编辑器件"弹出器件的编辑弹窗，弹窗与新建器件弹窗一样，修改完成后单击确认即可将修改的信息更新，以满足用户的需要。修改完成器件后，需要单击器件库刷新按钮后才能看到最新修改的信息。

6.6 工 程 库

工程库是当前放置在工程中的所有器件库，包括符号、封装和复用图块，如图 6-72 所示。在工程中添加器件和特殊符号都可以在工程库中显示，在工程中删除的器件工程库不会跟着删除，会保留在工程库中，做一个历史记录，记录着放置在这个工程中的器件，同时也可以再次单击使用或者修改。在工程库中修改的器件只能应用于当前工程下，对元件库没有影响，但是不能在工程库中删除工程里面已经放置的器件。

图 6-72　工程库

本 章 小 结

本章介绍了器件库、符号库、封装库的含义；使用户熟悉符号、封装库编辑界面，并讲解了单部件元件及多部件元件的创建方法，用向导创建符号、封装；从系统提供的库中复制元件并将其修改为自己需要的元件，以减少设计的工作量；讲解了怎样打造属于个人的个人常用库。希望用户一定要学会画库这项老本领。

习 题 6

1. 器件库内可以包含哪些库文件？

2. 在嘉立创 EDA（专业版）的系统库内查看器件的制造商，查看器件的价格、库存、供应商编号等信息，哪些是器件库？哪些是符号库？哪些是封装库？

3. 拷贝底部库面板系统库内"数码管驱动/LED 驱动"下的 LED_SEG_TH_0.56×2 器件到"个人"库内，并把这个 2 位数码管修改为 4 位数码管，创建 4 位数码管的封装，为这个 4 位数码管绑定封装、3D 模型、图片。

4. 在个人库内新建一个器件：电容的符号、封装，并为新建的器件绑定封装、3D 模型、图片。

5. 在个人库内，用多部件的方法创建 74LS00（四组 2 输入与非门）的符号，用向导的方法创建 DIP-14 的封装，为 74LS00 绑定 DIP-14 的封装、绑定 3D 模型、绑定图片。

第7章 数字钟电路原理图绘制

本章主要介绍数字钟电路原理图（图7-1）的绘制，首先介绍自定义原理图图纸模板，用该模板绘制数字钟电路原理图。嘉立创EDA搜索引擎支持立创商城和嘉立创EDA双引擎，搜索器件有两种方法：器件对话框、底部库面板。通过本章的学习，读者能够更加快捷和高效地使用嘉立创EDA的原理图编辑器进行原理图的设计。本章包含以下内容：

- 创建原理图图纸模板。
- 搜索器件。
- 设计规则设置。

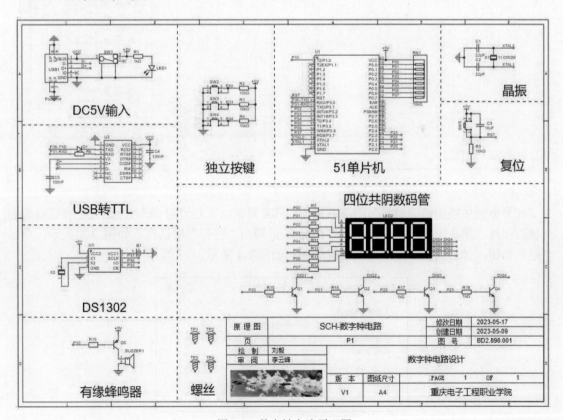

图7-1 数字钟电路原理图

7.1　编辑当前原理图图纸模板

编辑修改图纸信息

在新建的工程中，嘉立创 EDA 会默认为图页设置一个图纸模板。

如果需要设置自定义的每次新建工程的图纸模板，则选择"设置"→"图纸"命令设置默认的图纸模板。

当创建完工程后会把工程的图纸模板保存下来，下次创建新的图页时会根据工程图纸信息进行图纸创建。我们可以再另外设置工程图纸的模板信息。

这里以修改多谐振荡器原理图图纸模板为例，在全在线模式下保存多谐振荡器的工程，在全离线模式下导入该工程，编辑界面如图 7-2 所示。

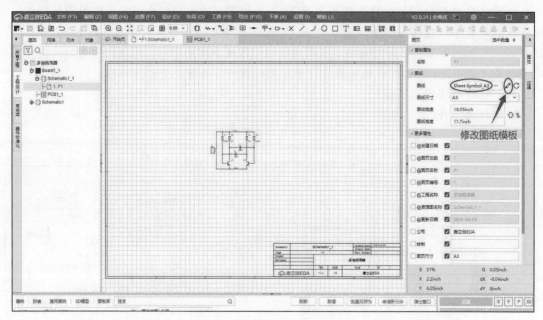

图 7-2　原理图的原图纸模板

如果需要更换当前编辑界面的图纸模板，只需要在画布右边的"属性"面板中设置新的图纸模板即可，单击图纸右边的"铅笔"图标 ✎，弹出"警告"对话框，如图 7-3 所示，单击"是"按钮，弹出编辑原理图图纸模板界面，如图 7-4 所示。

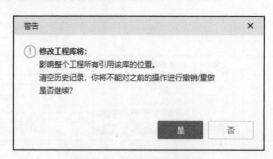

图 7-3　"警告"对话框

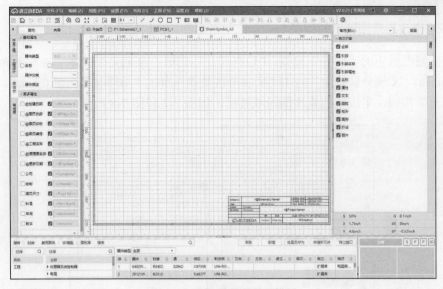

图 7-4　编辑原理图图纸模板

7.1.1　修改 Logo

在编辑原理图图纸模板界面中可以任意修改标题栏和图纸幅面的尺寸，这里删除嘉立创 EDA 的图标，插入一个新图标。选中嘉立创 EDA 图标，如图 7-5 所示，按 Delete 键删除。

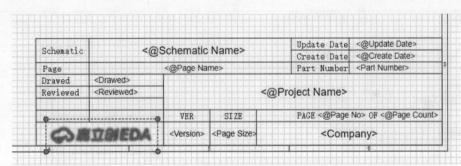

图 7-5　删除标题栏的 Logo

执行"放置"→"图片"命令，弹出"打开"图片文件对话框，在计算机的相应路径下找到需要的图片，单击"打开"按钮，把插入的图片调整到合适的大小、位置，删除标题栏多余的线条，插入图片（Logo）的标题栏如图 7-6 所示。

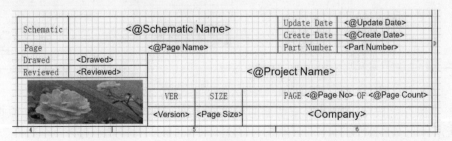

图 7-6　标题栏插入新的 Logo

7.1.2　修改原理图图纸的幅面

单击左侧面板中的"向导"标签，"边框尺寸"选择"自定义"，"宽"输入 10inch，"高"输入 7.16inch，"X 轴分区数量"为 4，"Y 轴分区数量"为 3，"刃带宽"保留 0.1inch，单击"生成图纸边框"按钮，生成新的原理图图纸模板，如图 7-7 和图 7-8 所示。

图 7-7　修改图页尺寸

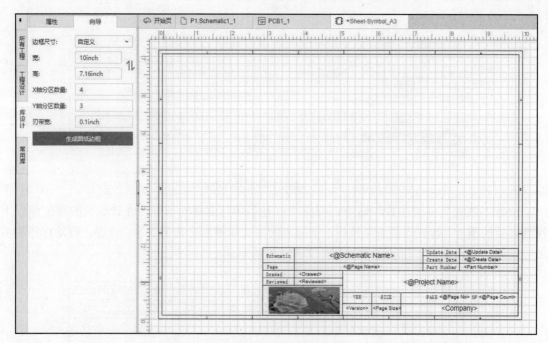

图 7-8　新的原理图图纸模板

单击"保存"按钮返回多谐振荡器的原理图，即可生效到当前多谐振荡器原理图，如图 7-9 所示。

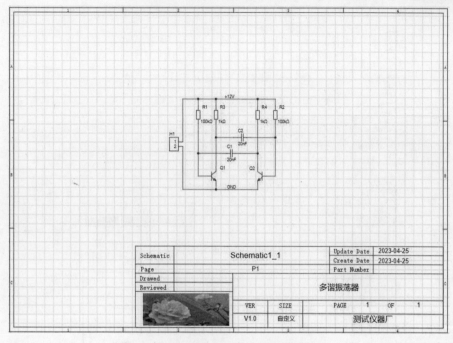

图 7-9 多谐振荡器的原理图图纸模板更改

修改完成后，保存即可更新之前的图纸。如果没有及时更新，请重新打开原理图图页。

当前原理图图纸模板的替换只对当前的原理图图页有效，下一个新建图页会根据工程图纸设置创建。

7.2 创建自定义图纸模板

如果没有想要的图纸模板，可以自己新建一个图纸符号进行关联（全在线客户端模式）。

执行"文件"→"新建"→"图纸"命令，弹出"新建器件"对话框，如图 7-10 所示，单击"管理分类"按钮，弹出"设置"对话框，如图 7-11 所示，创建"图纸符号"分类，单击"应用"按钮和"确认"按钮返回"新建器件"对话框，按图 7-12 所示填写信息后单击"保存"按钮，弹出原理图图纸保存界面，如图 7-13 所示。

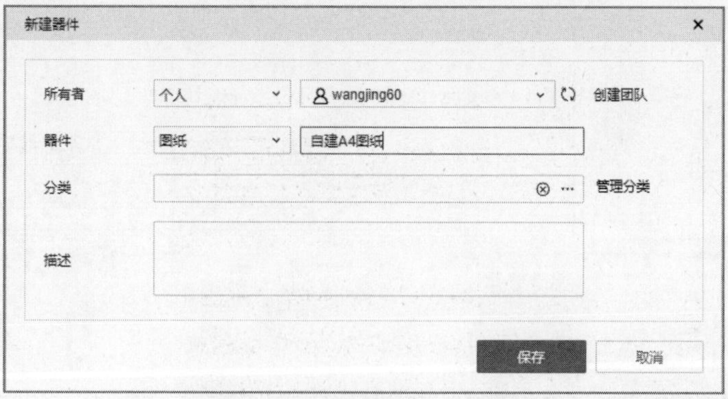

图 7-10 "新建器件"对话框

图 7-11　"设置"对话框

图 7-12　设置图纸符号

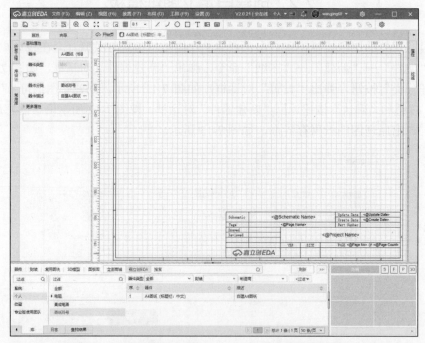

图 7-13　原理图图纸保存界面（可以对图纸模板进行修改）

在这个编辑界面中可以对图纸模板（符号）进行修改，如修改图纸幅面大小、设计新标题栏等。

注意：图纸符号不能放置引脚。

7.2.1 新建标题栏

（1）用户可以根据需要设计新的标题栏，这里仅修改英文为中文，双击需要修改的字符，弹出如图 7-14 所示的对话框，输入新的文字后按 Enter 键。

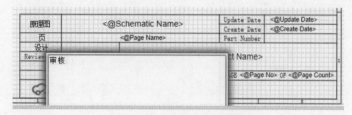

图 7-14 修改英文字符为中文

（2）插入新的 Logo，修改好的标题栏如图 7-15 所示，单击"保存"按钮。

图 7-15 修改后的标题栏

（3）新建图纸符号后，在左侧"属性"面板中设置图纸所需要的属性，勾选需要显示在画布中的值。带有@开头的属性是系统内置的属性，在放置于图页后这些属性会自动更新，不需要预先设置值，如图 7-16 所示。

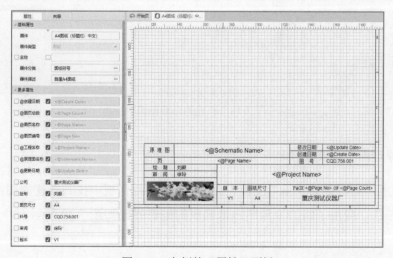

图 7-16 左侧的"属性"面板

（4）可以手动调整图纸边界，也可以手动调整标题栏的大小和形状，还可以使用左侧的"向导"面板进行创建。

调整完成后保存。保存后可以在底部面板"元件库"→"个人"中找到。

在绘制完图纸模板（符号）后即可在系统设置、工程图纸设置、单页图纸切换中找到新建的图纸，如图 7-17 所示。

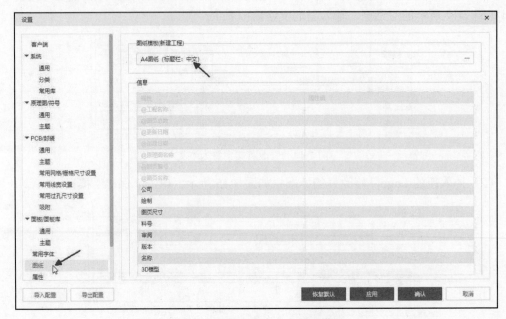

图 7-17　设置内的自定义图纸模板

再次编辑可以在底部库"器件"→"个人"中找到，编辑图纸的方法与编辑器件相似，如图 7-18 所示。

图 7-18　新建的原理图模板

7.2.2　原理图图纸模板的调用

执行"文件"→"新建"→"工程"命令，在底部库面板中找到新建的图纸符号，再单击"放置"按钮，应用了新的原理图图纸模板的编辑界面如图 7-19 所示。

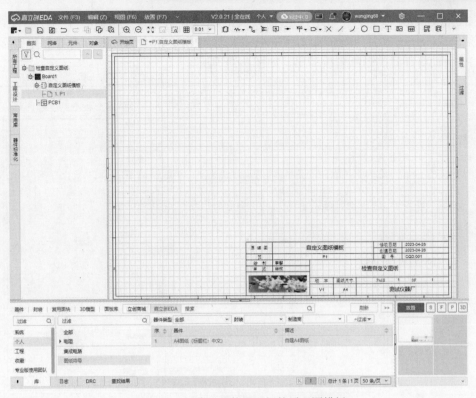

图 7-19　新建工程使用了新的原理图模板

7.3　数字钟电路原理图的绘制

7.3.1　新建数字钟电路工程

在第 4 章中新建了一个数字钟电路设计的工程，把该工程删除后重新建一个数字钟电路设计的工程。

（1）执行"文件"→"新建"→"工程"命令，弹出"新建工程"对话框，在"工程"处输入"数字钟电路设计"，在"描述"处输入"第 2 个案例"，单击"保存"按钮，如图 7-20 所示。

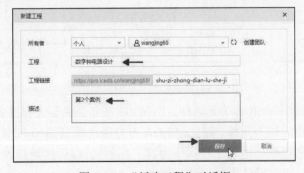

图 7-20　"新建工程"对话框

（2）将 Board1 改名为"数字钟电路"，右击 Board1 并选择"重命名"，输入"数字钟电路"，将 Schematic1 改名为"SCH-数字钟电路"，将 PCB1 改名为"PCB-数字钟电路"，单击图页 1.P1 自动将新建的图纸模板调出，如图 7-21 所示。

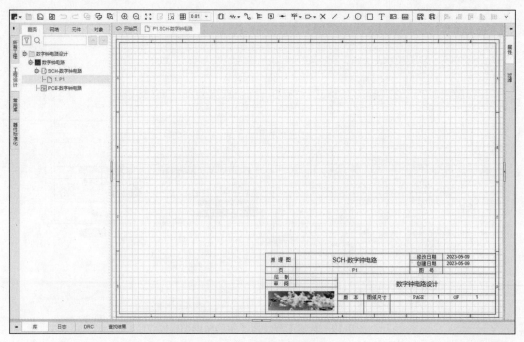

图 7-21　调出新建的图纸模板

7.3.2　搜索器件

电子产品设计的一般步骤如图 7-22 所示。

元器件搜索

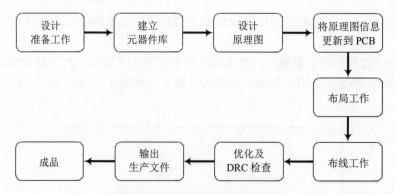

图 7-22　电子产品设计的一般步骤

数字钟电路的原理图有 50 多个元器件，如表 7-1 所示。先要进行准备工作，查找元器件。

器件在放置到画布后称为元件。嘉立创 EDA 专业版的原理图和 PCB 均使用模板机制，放置一个器件在画布后该器件会进入工程库作为该工程的模板，后续继续放置相同的器件时会优先使用工程库的模板，不被器件库的更新所影响。

表 7-1 数字钟电路元器件数据

序号	位号	器件	封装	数量	备注
1	B1	CR1220-2	BAT-SMD CR1220-2	1	CR1220-2
2	BUZZER1	HNB09A05	BUZ-TH_BD9.6-P5.00-D0.7-FD	1	3000Hz
3	C1、C2	CL21C220JBANNNC	C0805	2	22pF
4	C3	CL21A106KAYNNE_C15850	C0805	1	10uF
5	C4、C5	CC0805KRX7R9BB104	C0805	2	100nF
6	D1	1N5819-SL	SOD-123 L2.7-W1.7-LS3.8-RD	1	1N5819-SL
7	LED1	NCD0805R1	LED0805-RD	1	NCD0805R1
8	LED2	FJ5462AH	LED-SEG-TH_12P-L50.3-W19.0-P2.54-S15.24-BL	1	FJ5462AH
9	Q1、Q2、Q3、Q4	S8050-TA	T0-92-3 L4.8-V3.7-P2.54-L	4	S8050-TA
10	Q5	S8550-TA	|T0-92-3_L4.8-W3.7-P2.54-L	1	S8550-TA
11	R1、R15、R16、R17、R18	0805W8F1001T5E	R0805	5	1kΩ
12	R2、R3、R4、R5	0805W8F1002T5E_C17414	R0805	4	10kΩ
13	R6、R7、R8、R9、R10、R11、R12、R13、R14	0805W8F3300T5E	R0805	9	0805W8F3300T5E
14	R19	ERJPB6B1001V	R0805	1	ERJPB6B1001V
15	RN1	A09-103IP	RES-ARRAY-TH 9P-P2.54-D1.0	1	10kΩ
16	SW1	SS-12F44-G5_C136718	SW-TH_SS-12F44-G5	1	SS-12F44-C5
17	SW2、SW3、SW4、SW5	Key_SMD_6x6x7.5	SW-SMD_4P-L6.0-W6.0-P4.50-LS8.5	4	
18	TP1、TP2、TP3、TP4	M3 螺丝	M3 螺丝	4	
19	U1	STC89C52RC-40I-PDIP40	DIP-40_L52.0-W13.7-P2.54- LS15.2-BL	4	STC89C52RC-40I-PDIP40
20	U2	CH340C	S0P-16_L10.0-W3.9-P1.27-LS6.0-BL	1	CH340C
21	U3	DS1302Z+T&R	SOIC-8 L4.9-W3.9-P1.27-LS6.0-BL	1	DS1302Z+T&R
22	USB1	920-F52A2021 S10101	MICRO-USB-SMD_5P_C40957	1	920-F52A2021S10101
23	X1	XIHCCCNANF-11.0592	HC-49US_L11.5-V4.5-P4.88	1	11.0592M
24	X2	CTK02-327681220B20	CRYSTAL-TH_BD1.9-P0.70-D0.3	1	CJK02-327681220B20

选择"设计"→"更新符号"命令或者在画布元件上右击并选择"更新符号"可以更新工程的器件、符号、封装。

嘉立创 EDA 为了管理数量巨大的元件库，电路原理图编辑器提供了强大的库搜索功能。搜索引擎支持立创商城和嘉立创 EDA 双引擎，当其中一个引擎不符合搜索期望时，可以进行切换。立创商城引擎只可以搜索系统库的器件。

1. "器件"对话框——查找型号为 STC89C52RC 单片机

（1）执行"放置"→"器件"命令或者单击工具栏中的"放置器件"图标 ▯（快捷键为 Shift+F），如图 7-23 所示，弹出"搜索器件"对话框。

（2）在"搜索"框中输入 STC89C52RC，单击"搜索"按钮 🔍，搜索结果如图 7-24 所示。STC89C52RC 有两类不同的封装：DIP 和 LQFP，用户根据需要选择封装，这里选择 DIP 的封装。可以查看该器件的品牌、商品编号、单价、商场的库存等信息。如果要进一步了解该器件的功能，可以查看数据手册。单击"数据手册"图标 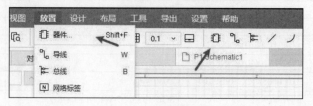 ，弹出 STC89C52RC 数据手册界面，如图 7-25 所示。通过该手册可以了解该器件是否合适。

图 7-23　放置器件操作

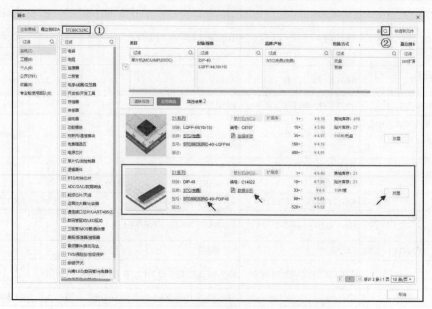

图 7-24　搜索结果

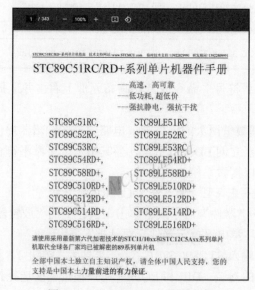

图 7-25　STC89C52RC 数据手册

在搜索结果界面中单击，鼠标指针变为小手图标时即可链接到另一个页面进一步了解该器件的信息，如单击 51系列 图标可以进入立创商城，进一步了解该器件的功能，也可以购买该器件，如图 7-26 所示。

图 7-26　单片机在立创商城的信息

如果该器件合适，可以单击搜索结果界面中的"放置"按钮放置该器件到原理图内。

技巧：使用 Esc 键关闭"放置"对话框。

放置器件时可以按 Tab 键弹出"器件"对话框，如图 7-27 所示，设置器件的名称和位号。

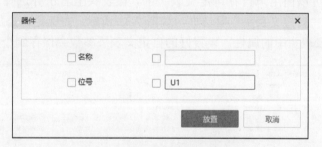

图 7-27　设置器件的名称和位号

2. 底部库面板——查找 USB 转串口芯片型号为 CH340C

同时支持另外一个入口放置器件，即底部面板，快捷键为"\"。

使用筛选器可快速找到想要的零件，比如输入 CH340C 可快速搜索出与 CH340C 有关的器件。

单击底部的 ◄──── 按钮打开底部面板，在"搜索"框中输入 CH340C，单击"搜索"按钮 Q，搜索以 CH340C 开头的器件，搜索结果如图 7-28 所示。

可以双击器件列表或者选中后单击器件预览区域的"放置"按钮进行放置，底部面板会自动收起，取消放置时会再自动打开。

注意：上面搜索的操作是在器件库顶部的"搜索"框内进行的，是全局搜索，是在整个元件库中搜索。

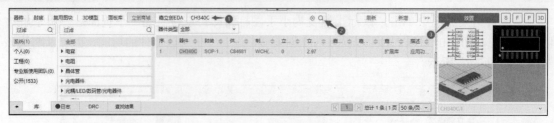

图 7-28 搜索的结果

而下面的"搜索"框是对系统或个人的器件库进行分类搜索，如图 7-29 所示。

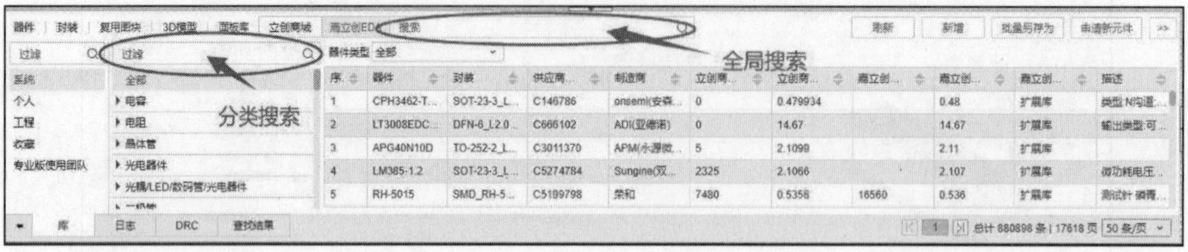

图 7-29 全局/分类搜索框

单击底部面板右边的 按钮可以把收缩到器件预览区域的符号、封装、实物图、3D 模型的面板再次打开。

用户可以根据器件在立创商城的价格、库存、制造商等信息选择封装，单击器件列表表头的排序图标可以进行排序：默认 、增序 、倒序 ，如图 7-30 所示。

3. 列表表头

器件库列表是可以由用户自行自定义表头的，在表头上右击并选择"自定义表头"，如图 7-30 所示，弹出"自定义表头"对话框，如图 7-31 所示，左侧是未添加到表头中的属性，右侧是已添加到列表表头中的属性。设置好的自定义表头参数会保存到个人偏好中。

图 7-30 选择自定义表头

注意：只有当前列表有对应的参数名出现时才会出现对应的列名。比如"阻值"列，如果当前列表的器件没有这个阻值属性，则"阻值"列不会显示在列表中。

7.3.3 放置元件

放置元件的方法有 3 种：左边的"常用库"面板、"器件"对话框、底部库面板，可以灵活运用这 3 种方法。表 7-1 给出了该电路中的元件位号、器件名称（型号规格）、封装等数据。在放置元件的时候一定要注意该元件的封装要与实物相符。

图 7-31　"自定义表头"对话框

绘制四位数码管区域的原理图的步骤如下：

（1）放置数码管。在左边的"常用库"面板中找到显示器件，单击下拉选中 LED_SEG_TH_0.56×4（插件），如图 7-32 所示，放置在画布上后如图 7-33 所示，单击数码管，在右侧的"属性"面板中可以修改和添加元件的属性。

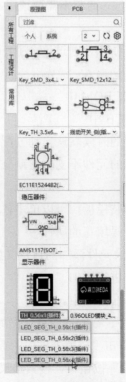

图 7-32　放置数码管

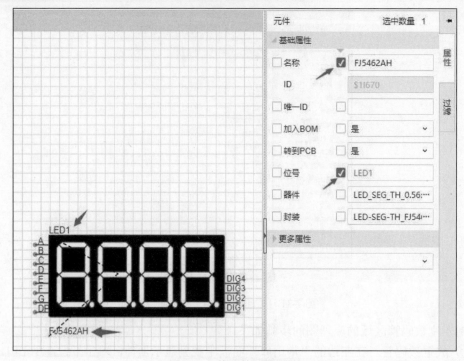

图 7-33　修改数码管属性

属性说明如下：

- 名称：这个相当于元件的备注，通常不需要填写，也可以填写，这里填写 FJ5462AH。
- ID：编辑器内部使用的 ID。
- 唯一 ID：和 PCB 进行关联的 ID，通过这个 ID 确定 PCB 对应的元件，更新 PCB 的时候会自动分配，也可以手动输入。
- 加入 BOM：是否可以导出在 BOM 中。
- 转到 PCB：是否可以转到 PCB 中。
- 位号：元件位号。器件放置的时候默认自动分配位号，可以在"设置"→"原理图"中进行设置。多部件或子库的元件不支持自动分配位号。
- 器件：这个元件所属的器件。
- 封装：这个元件所关联的封装模板，可以单击替换新的封装。
- 关键属性：在新建器件的时候填写的属性。
- 更多属性：在打开原理图后给元件添加的自定义属性。新增自定义属性名的方法是选择"设置"→"属性"命令进行添加。

勾选的属性名或属性值可以显示在画布中。

放置了单片机、USB 转串口芯片、数码管的原理图如图 7-34 所示。

（2）放置三极管。在工具栏中单击"放置器件"图标 🔲，弹出"器件"对话框，在"搜索"框中输入 S8050-TA，单击"搜索"按钮 🔍，搜索结果如图 7-35 所示。选中满意的器件后单击"放置"按钮放置 4 个三极管。

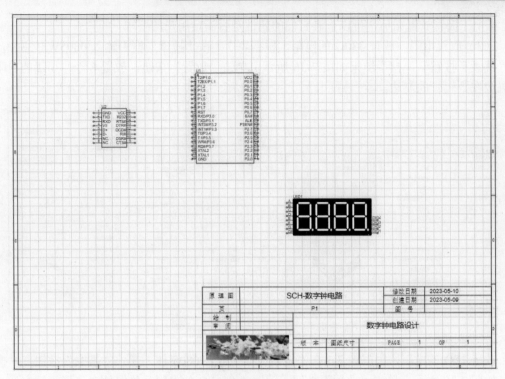

图 7-34   放置单片机、USB 转串口芯片和数码管后的原理图

图 7-35   放置三极管

放置器件的时候可以直接放，系统直接给位号赋值。也可以在元件放置完后统一调整位号。

4 个三极管放置完后，可以查看它们的属性是否满足用户的要求。

（3）放置电阻。放置 330Ω 的电阻，根据表 7-1 在"搜索"框中输入 0805W8F3300，单击"搜索"按钮 🔍，搜索结果如图 7-36 所示，单击"放置"按钮，放置 8 个 330Ω 的电阻，位置放在数码管的左边。

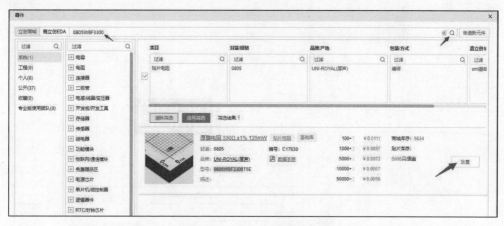

图 7-36　放置 330Ω 的电阻

放置 1kΩ 的电阻，根据表 7-1 在"搜索"框中输入 0805 1K，单击"搜索"按钮 🔍，搜索结果如图 7-37 所示，单击"放置"按钮，放置 4 个 1kΩ 的电阻，位置放在三极管的左边。

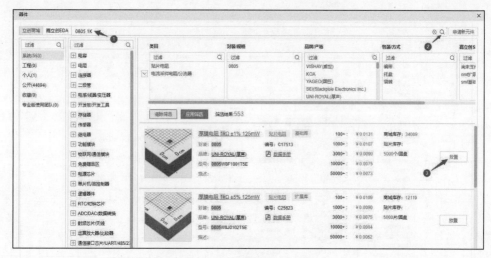

图 7-37　放置 1kΩ 的电阻

四位共阴数码管区域的元件放置完后调整元件的位置，然后开始放置导线。

7.3.4　放置导线

导线是在设计原理图时用于来连接各个器件之间的网络。

注意：导线是具有电气属性的，不能当作折线使用。

在原理图中表示导线连通的方式有以下 3 种：

● 直接用"导线"连接。

电路图连接

- 用"网络标签"连接，凡是"网络标签"名相同的即表示这几个点是连通的。
- 用总线和总线引入线连接（实质也是网络标签名相同），本书中没有讲解，请查看帮助文档。

1. 在原理图中直接用"导线"连接

选择"放置"→"导线"命令或者单击工具栏中的"放置导线"图标 （快捷键为 Alt+W），此时鼠标指针悬浮着一个导线图标，表示系统处于放置导线状态，可以按 Tab 键设置导线的名称，如图 7-38 所示。

导线绘制未确定线段为半透明，以区分已确定的线段，如图 7-39 所示。

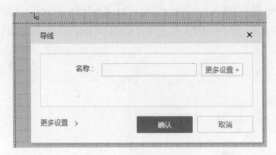

图 7-38　设置导线名称

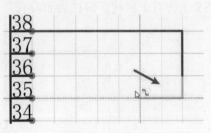

图 7-39　导线绘制未确定线段为半透明

绘制导线时支持空格键切换布线方向。

放置导线的另一种方法：移动元件，两个元件的引脚相碰再拉开，导线在两个相碰的引脚之间自动产生。

嘉立创 EDA 专业版支持放置网络标签的功能，专业版的网络标签功能和直接给导线设置属性名称是一样的，和标准版的网络标签不一样，如图 7-40 所示。

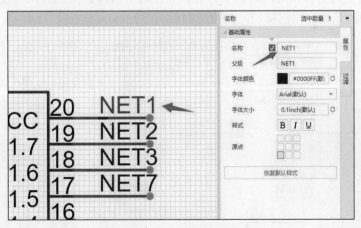

图 7-40　网络标签（导线名称）

属性说明如下：

- 名称：导线的名称，生成网络名的时候根据这个属性生成。当默认没有填写名称时，编辑器会自动根据导线 ID 生成一个系统默认的网络名。
- 父级（全局网络名）：因为原理图支持层次图设计，底层原理图的导线名称和父级（全局网络名）不一定一致，父级（全局网络名）是转到 PCB 时所使用的网络名。

2. 导线修改名称支持

修改导线名称的方法有以下 3 种：

- 直接双击导线名称修改。
- 单击导线，在右边的"属性"面板中修改名称。
- 绘制过程中按 Tab 键修改。

注意：嘉立创 EDA 专业版已经不支持多个网络名同时在一条导线上，如果需要不同网络连接在一起，请使用短接符对两个网络进行短接。

如果需要在导线名称上添加横线，则在导线的网络名最前面输入波浪号，比如~VSS；如果需要同时存在有上横线和无上横线的网络名则再次输入一个波浪号，比如~VSS~/GND，那么 VSS 上方有上横线，斜杠后面没有，该网络名转到 PCB 时也会是~VSS~/GND，如图 7-41 所示。

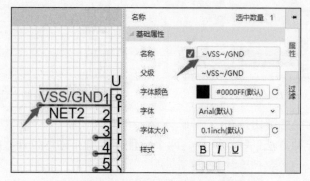

图 7-41　在导线名称上添加上横线

当导线连接了网络标识后，导线名称会优先跟随网络标识的命名，修改导线名称时也会提示是否同步修改连接的网络标识，如图 7-42 所示。

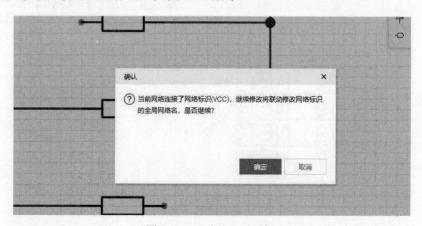

图 7-42　"确认"对话框

当导线被拆分或者合并的时候，会弹出对话框要求选择操作后的网络分配。如果需要短接不同名称的导线，则需要使用短接符，如图 7-43 所示。

导线名称和连接的网络标签的父级（全局网络名）必须保持一致，否则在设计规则检查时会报错，此时需要手动修改导线的名称和网络标签的父级（全局网络名）属性一致。不一致一般会出现在复制、粘贴、导入等情况下，需要手动修正一下。

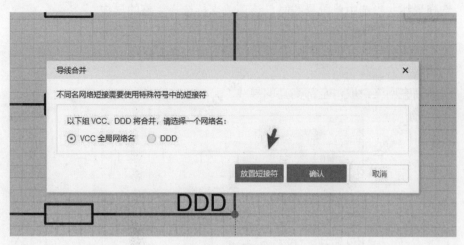

图 7-43　导线合并

导线名称、网络标识名称、父级（全局网络名）这 3 个属性值需要保持一致，如图 7-44 所示。

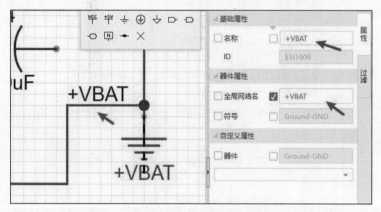

图 7-44　导线名称、网络标识名称、父级（全局网络名）需要保持一致

3. 导线拾取选中

嘉立创 EDA 专业版支持以下两种导线拾取方式：

● 单击拾取完整整段导线，再次单击拾取单段导线（默认）。

● 单击选中单段导线，再次单击拾取完整导线。

拾取方式支持在"设置"→"原理图设置"里面修改。当单击选中单段导线时，支持按 Tab 键选中完整导线。

4. 导线右键菜单

在原理图设计中，提供了导线右键菜单，支持多个功能，方便设计和检查。

选中导线后，在导线上右击即可出现导线右键菜单，如图 7-45 所示。

菜单说明如下：

● 导线批量重命名：支持多选不同的导线后重新命名，如图 7-46 所示。

- 选择单段导线：当选择的导线是整条导线时，该菜单支持选择单段导线。
- 选择导线：当选中单段导线时，该菜单支持选择完整的导线。
- 选择网络：把当前图页的当前导线所属网络的全部导线都选中。
- 高亮网络：把当前导线中网络相同的导线全部持续高亮，左侧的"网络"选项卡也支持网络名右键高亮网络。
- 取消高亮网络：取消全部高亮的导线。

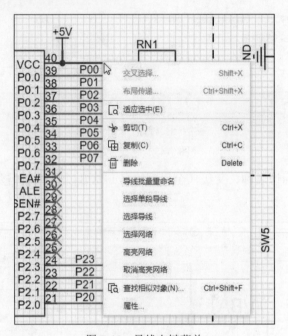

图 7-45　导线右键菜单

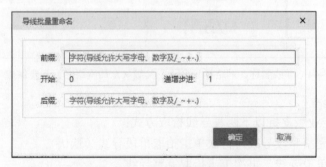

图 7-46　导线批量重命名

7.3.5　放置网络标签

在原理图中，凡是"网络标签"名相同的即表示这几个点是连通的。

因设计上的差异，嘉立创 EDA 专业版不支持标准版那种独立的网络标签图元，专业版的网络标签是虚拟的，在放置后对导线设置一个名称属性，所以在放置后的交互上与标准版有较大的差异。

在交互上，从 v1.7 开始，嘉立创 EDA 支持以下两种模式：

- 类似标准版或 Altium 的网络标签，移动网络标签离开导线后，导线网络名自动清空。
- 类似之前的专业版或 PADS 和 Orcad 的网络标签，移动网络标签离开导线后，导线网络名不变，只修改网络名的位置。

可以根据自己的使用习惯进行设置，方法为选择"设置"→"原理图/符号"→"常用"→"拖动网络名"，如图 7-47 所示。

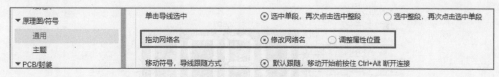

图 7-47 网络标签的设置

选择"放置"→"网络标签"命令或者在工具栏中单击"放置网络标签"图标 N 。

执行放置网络标签命令后，在鼠标指针上悬浮着一个默认名为 Net1 的标签。

按 Tab 键，单击"更多设置"按钮，弹出如图 7-48 所示的"网络标签"对话框，设置网络标签的名称和增序规则。

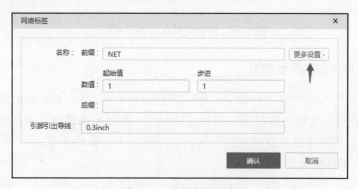

图 7-48 网络标签赋值

网络标签放置后成为导线的名称属性，和直接在导线的"属性"面板中设置名称效果一致。

网络标签支持直接放置在符号的引脚上，会自动生成一段导线并赋予导线名称，如图 7-49 所示。

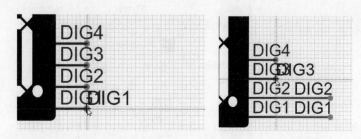

图 7-49 网络标签直接放置在符号的引脚上自动生成一段导线

放置网络标签时一定要放在导线上，如图 7-50 所示。

将四位共阴数码管区域原理图的导线及网络标签放置好，如果元器件的位置不合适，可以移动元器件，绘制的四位共阴数码管区域的原理图如图 7-51 所示。

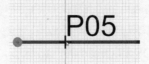

图 7-50 网络标签一定要放在导线上

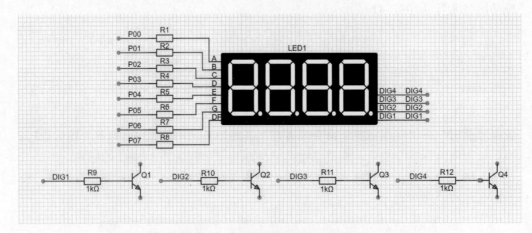

图 7-51 四位共阴数码管的原理图

7.3.6 绘制原理图的其他部分

电路设计时需要按照功能进行区分，如四位数码管电路、51 单片机电路、晶振电路、复位电路、按键电路等，其他电路模块的绘制方法同上，在此不再赘述。在把所有模块的电路图绘制完成后，需要使用线条工具画框进行区分，用文字为各模块命名。

1. 使用线条工具画框区分

执行"放置"→"折线"命令或者单击工具栏中的"折线"图标 ╱ （快捷键为 Alt+L），此时鼠标指针上悬浮着一个折线图标，单击左键绘制线条的起点，再单击绘制线条的第 2 个点，把需要的线条绘制完成后按右键退出；选择刚绘制的线条，单击右边的"属性"面板，"线型"选择"短划线"，如图 7-52 所示。

图 7-52 选择线型

2. 为各模块命名

执行"放置"→"文本"命令或者单击工具栏中的"文本"图标T（快捷键为 T），弹出"文本"对话框，如图 7-53 所示，在"文本"栏中输入"51 单片机"，字体大小改为 0.3inch，其他选择默认值，单击"放置"按钮，鼠标指针上悬浮文字，移动到需要的位置单击左键即可。

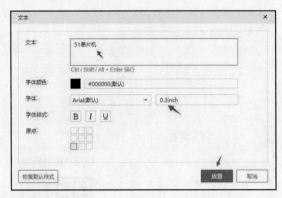

图 7-53　"文本"对话框

7.3.7　元器件位号的重新编号

元器件的位置调整合理后，如果在放置元器件时没有设置位号，而在放置元器件时复制了元件，则会存在位号重复或者元件编号杂乱的现象，使后期 BOM 表的整理十分不便。重新编号可以对原理图中的位号进行复位和统一，方便设计和维护。

（1）执行"设计"→"分配位号"命令，弹出"分配位号"对话框，如图 7-54 所示，在其中对工程中的所有或已选的部分重新进行位号分配，以保证位号是连续的和唯一的。

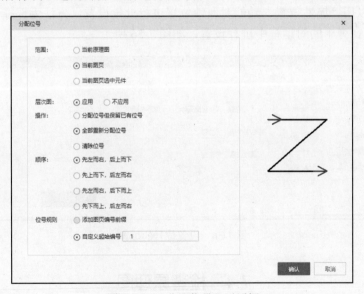

图 7-54　"分配位号"对话框

（2）"范围"选择"当前图页"，"操作"选择"清除位号"，单击"确认"按钮，所有位号全部清除，变为"?"。

（3）再执行"设计"→"分配位号"命令，弹出"分配位号"对话框，"范围"选择"当前图页"，"操作"选择"全部重新分配位号"，"顺序"选择"先左而右，后上而下"，"自定义起始编号"设置为"1"，单击"确认"按钮，重新分配位号的数字钟电路的原理图如图 7-55 所示。

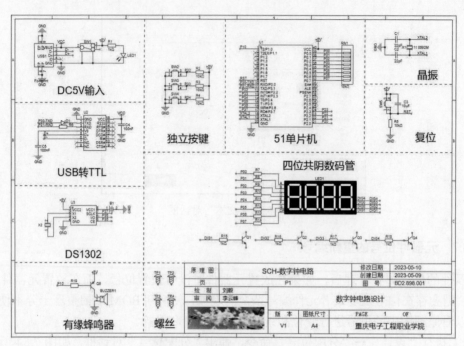

图 7-55　初步绘制的数字钟原理图

（4）还可以用"属性位置"功能对属性位置进行批量设置，方法为选择"布局"→"属性位置"命令，在弹出的对话框中进行设置，如图 7-56 所示。

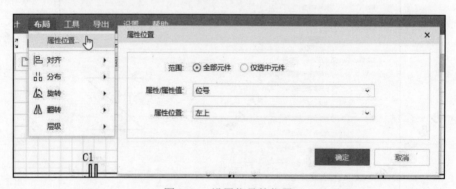

图 7-56　设置位号的位置

7.4　检查原理图

设计规则检查可以检查设计文件中原理图和电气规则的错误，并提供给用户一个排除错误的环境。

7.4.1 设计规则设置

设置电气规则检查提示错误的消息等级。

执行"设计"→"设计规则"命令，弹出"设计规则"对话框，如图 7-57 所示，在这里可以看到规则的错误消息等级，并且可以对错误等级进行修改。

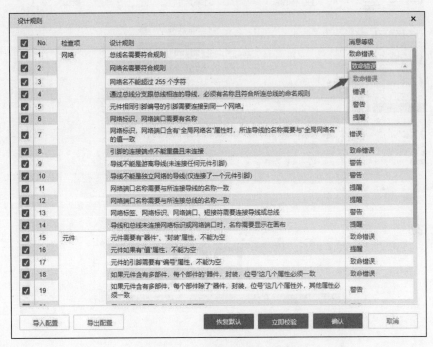

图 7-57 "设计规则"对话框

可以在修改规则后立即进行 DRC 规则检查，单击"立即校验"按钮即可。

7.4.2 设计规则检查（DRC）

在导入 PCB 前检查封装、符号、文本等符合规则或者有没有冲突。

执行"设计"→"检查 DRC"命令，检查结果在底部的 DRC 选项卡中显示出来，如图 7-58 所示。

图 7-58 检查结果

单击提示信息高亮，如图 7-59 所示，双击提示信息高亮并定位错误点，如图 7-60 所示。

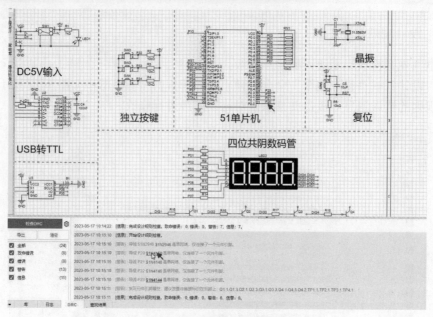

图 7-59　单击提示信息高亮

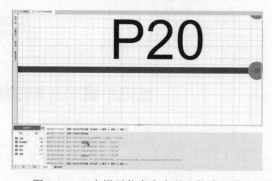

图 7-60　双击提示信息高亮并定位错误点

按提示信息"导线 P20$1N4150 是单网络，仅连接了一个元件引脚"仔细检查，发现是四位共阴数码管区域有错，修改错误后的四位共阴数码管原理图如图 7-61 所示。

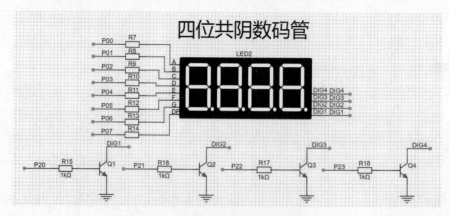

图 7-61　四位共阴数码管原理图

单击"清空"按钮可以把检查 DRC 的信息清除。重新执行"设计"→"检查 DRC"命令，检查结果又会在底部的 DRC 选项卡中显示出来，如图 7-62 所示。

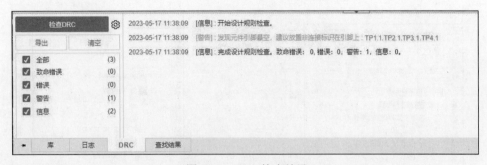

图 7-62　DRC 检查结果

现在看出 TP1、TP2、TP3、TP4 是螺钉，引脚悬空可以不用管它。原理图设计完成。

注意：不加入 BOM 和不转到 PCB 的元件不纳入设计规则检查。

7.5　左侧面板"对象""元件""网络"

在原理图中放置的器件、导线、特殊符号、图形等可以在左侧面板"对象"中查看。

在左侧面板中单击导线或者特殊符号可高亮选中的元素，双击可以在原理图中跳转到当前器件的位置并且高亮，如图 7-63 所示。

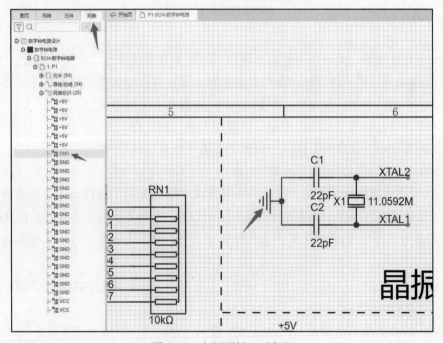

图 7-63　左侧面板"对象"

原理图编辑器界面的左侧面板"元件"与 PCB 界面的左侧面板"元件"功能相似，用于显示放置在原理图中的元件信息和数量，如图 7-64 所示。

原理图中左侧面板"网络"是显示原理图中连接的网络、网络的数量和网络中连接的引脚。单击之后在原理图中高亮显示网络和连接网络的引脚，如图 7-65 所示。

图 7-64　元件

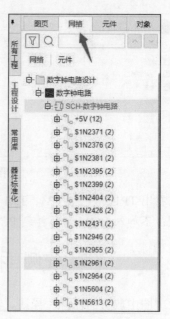

图 7-65　网络

7.6　右侧面板"属性"

选中一个元件之后，可以在右边的"属性"面板中查看或修改它的属性参数。

（1）元件属性。用户可以修改元件的名字和编号，并且设置它们是否可见，还可以修改器件信息。请不要用中文设置编号，在 PCB 中封装编号不支持中文。

在这里用户可以修改元件的供应商、供应商编号、制造商、制造商编号、封装等。

也可以批量选中之后再在右侧的"属性"面板中批量修改属性。

属性名和属性值可以勾选显示在画布中。

（2）添加自定义属性。当用户选中一个元件或其他图元后，可以为它新增参数。

如果不需要元件在 BOM 中或者转为 PCB，可以在"属性"面板中将"加入 BOM"和"转为 PCB"设置为"否"。当把"转为 PCB"设置为"否"时，该器件符号将不会在封装管理器中显示。

在选择整体电路时，可在右侧面板"属性"中单独选择需要修改的对象属性值，如图 7-66 所示。

小技巧：①具有宽高的图元，在"属性"面板中修改宽高时可以设置是否等比例调整，单击"等比例"图标锁定宽高后，调整宽时高也会一起变化，如图 7-67 所示；②拖动属性名宽度调节按钮可以修改"属性"面板中属性名和属性值的宽度比例，并且会记录到个人偏好中，如图 7-68 所示。

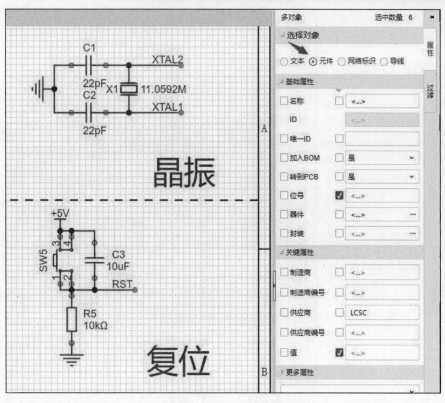

图 7-66   对象属性值

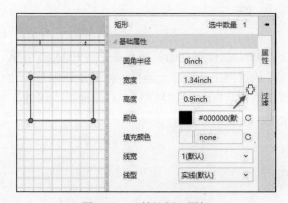

图 7-67   "等比例"图标

图 7-68   属性名宽度调节按钮

7.7 过   滤

　　筛选用户想选择的器件，"其他"栏中的元素，勾选则是可以在原理图中选择，取消勾选则是在原理图中无法进行选择，如图 7-69 所示。

图 7-69　"过滤"面板

本 章 小 结

本章介绍了修改和自定义原理图图纸模板的方法、怎样在立创商城和嘉立创 EDA 双引擎下搜索器件、导线属性的设置、导线的选中方式、放置网络标签、元器件位号的重新编号、设计规则设置、设计规则检查（DRC）、左侧面板"对象""元件""网络"、右侧面板"属性"等，希望学习完本章后读者能掌握原理图设计的技巧。

习　题　7

1．简述在设计电路原理图时使用嘉立创 EDA 工具栏中的 ⌐（导线）与 ／（折线）的区别、原理图中导线 ⌐ 与总线 ⌐ 的区别。

2．如果要修改某一类元件的属性，用什么面板最方便？

3．简述工具栏中 ◆ 图标和 ✕ 图标的作用。

4．工具栏中的 Ⓝ 图标和 Ｔ 图标都可以用来放置文字，它们的作用是否相同？

5．如果原理图中元器件的位号混乱，应该怎样操作才能让位号有序？

6．绘制图 7-70 所示高输入阻抗仪器放大器电路的原理图。

7．绘制图 7-71 所示单片机实验板计时器部分的原理图。

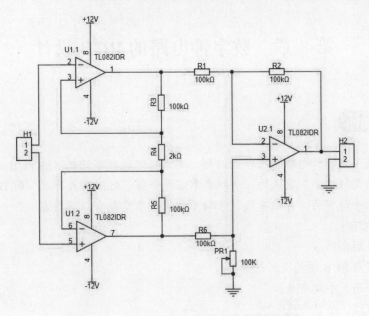

图 7-70　高输入阻抗仪器放大器电路原理图

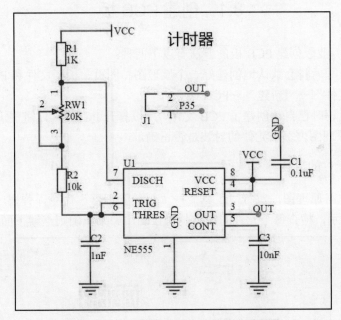

图 7-71　单片机实验板计时器部分原理图

第 8 章 数字钟电路的 PCB 设计

任务描述

上一章完成了数字钟电路的原理图绘制，本章将完成数字钟电路的 PCB 设计。PCB 设计是在设计规则的实时检测下完成的，所以本章首先介绍设计规则并开启实时 DRC 检测，然后介绍自动布局、手动布局、自动布线、手动布线等。本章包含以下内容：

- 创建 PCB 板。
- 设计规则介绍。
- 原理图与 PCB 图的交叉选择。
- 自动布局、手动布局。
- 自动布线、手动布线。

8.1 创建 PCB 板

PCB 板的创建

嘉立创 EDA 专业版创建 PCB 板的方法有以下两种：

- 在创建工程后将会默认地创建好一个原理图、图页、板子文件和 PCB。
- 执行"文件"→"新建"→PCB 命令。

由于在创建工程时已自动创建了 PCB 文件，所以打开 PCB 即可。把原理图的信息导入到 PCB 时应先检查原理图内每个元件的封装是否正确。

8.1.1 检查元件的封装

打开数字钟电路原理图，执行"工具"→"封装管理器"命令，弹出"封装管理器"对话框，如图 8-1 所示，检查每个元件的封装是否正确，如果正确则继续下面的操作。

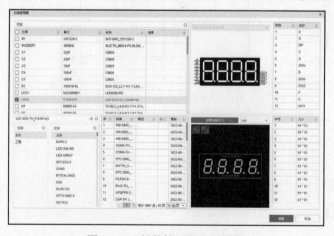

图 8-1 "封装管理器"对话框

8.1.2 将原理图的信息导入到 PCB 中

打开数字钟电路原理图，执行"设计"→"更新/转换原理图到 PCB"命令，如果原理图存在错误会直接弹窗提醒，如标注重复、封装缺失等；若无问题将弹出"确认导入信息"对话框，如图 8-2 所示，确认第 1 列元件的信息正确有☑图标。如果你需要同时更新 PCB 里面的导线网络，则勾选"同时更新导线的网络"复选项。编辑器会根据焊盘的网络自动更新关联的导线网络。若确认没有问题则单击"应用修改"按钮更新 PCB，原理图的信息导入到 PCB 中，如图 8-3 所示。

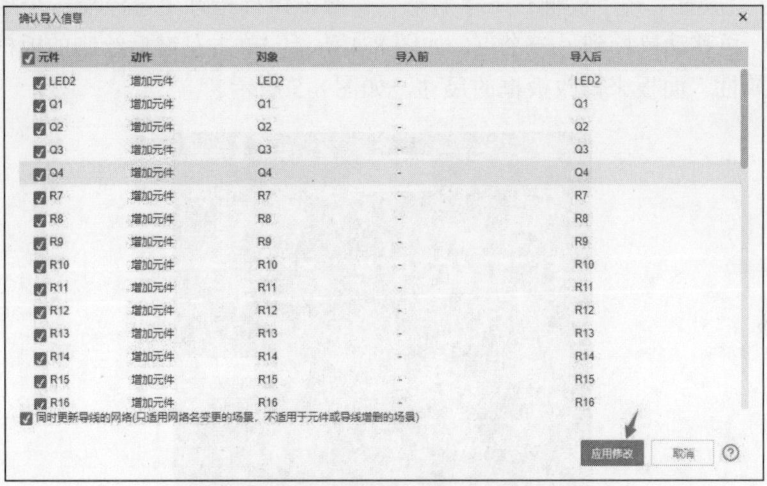

图 8-2 "确认导入信息"对话框

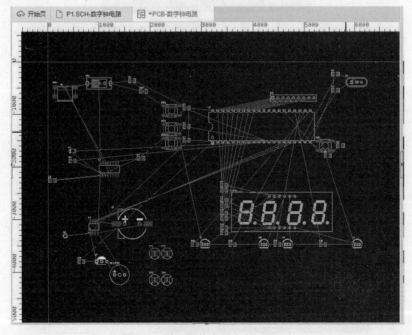

图 8-3 原理图信息导入到 PCB 中

从图中可以看出，所有元件的封装是按原理图的位置布局的（自动应用了布局传递功能）。

8.1.3 绘制板框

在开始 PCB 设计前，需要先给板子创建板框。可以通过直接绘制和导入 DXF 两种方式创建板框，这里介绍直接绘制，导入 DXF 方式请查看帮助文档。

1. 直接绘制

绘制板框可以先大致绘制，在 PCB 设计完成后再精确调整板框。单击工具栏中的"板框"图标▭▾进入绘制模式，提供了矩形、圆形、多边形 3 种绘制形状。

（1）执行"放置"→"板框"→"矩形"命令，鼠标指针上悬浮着一个矩形轮廓，鼠标左击坐标原点，再移动鼠标到另一个点，如图 8-4 所示，单击左键后绘制的板框被选中，可以单击右边的"属性"面板来修改板框的尺寸，如图 8-5 所示。

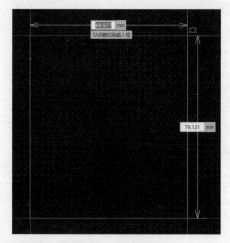

图 8-4　绘制板框

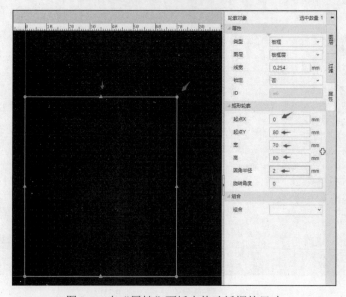

图 8-5　在"属性"面板中修改板框的尺寸

（2）添加板框的圆角：在右边的"属性"面板中设置"圆角半径"为 2mm，绘制好的板框如图 8-6 所示。

图 8-6　初步绘制的板框

USB1 连接器（Micro-B 母座）放置在板子的左边边沿，所以 PCB 板需要挖槽。

注意：一个板框内只能放置一个板框，多余的板框会转为挖槽区域。

板框、铺铜区域、填充区域、挖槽区域、禁止区域的绘制方式完全相同。

（3）执行"放置"→"挖槽"→"矩形"命令，鼠标指针上悬浮着一个矩形轮廓，鼠标左击挖槽的左下角，然后左击挖槽的右上角，右击退出放置模式；选中挖槽区域，在右边的"属性"面板中调整挖槽区域的尺寸，如图 8-7 所示。

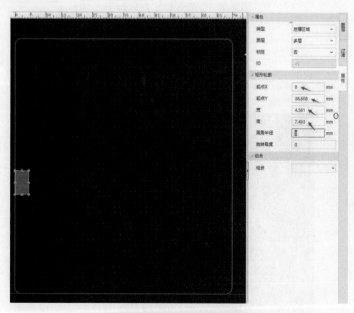

图 8-7　在 PCB 板上挖槽

（4）由于挖槽区域上下右边没有线条，所以可以用折线绘制线条，选中绘制的折线，在"属性"面板中的"类型"处把"线条"改为"板框"，如图 8-8 所示。执行该操作后弹出"警告"对话框，如图 8-9 所示，单击"是"按钮即完成了边框的绘制。

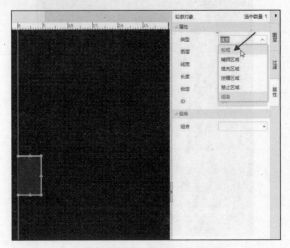

图 8-8　"线条"类型改为"板框"

图 8-9　提示自动闭合该图形

2.　用折线绘制板框

（1）选择板框层为当前层，按 Alt+L 组合键用折线绘制板框的形状，4 个角绘制圆弧（只需绘制 1 个圆弧，其他 3 个复制即可），如图 8-10 所示。

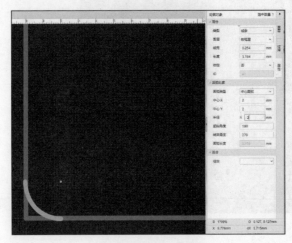

图 8-10　绘制圆弧

（2）把圆弧的直角边删除：选择需要删除的线条，右击并选择"分散为独立线条"，如图 8-11 所示；选择要移动线条的端点，再移动到与圆弧相切的点，如图 8-12 所示。

图 8-11　分散为独立线条

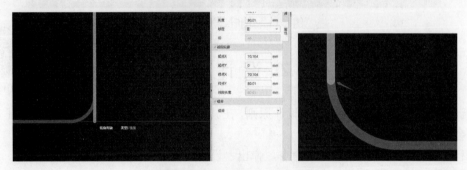

图 8-12　移动线条与圆弧相切

（3）选中绘制的板框，在右边的"属性"面板中把线条的类型改为"板框"（图 8-13），弹出"警告"对话框，单击"是"按钮，板框绘制完毕，如图 8-14 所示。

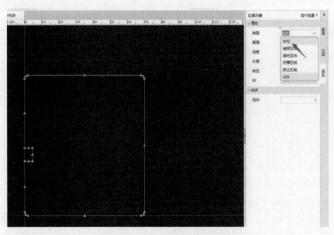

图 8-13　修改线条类型

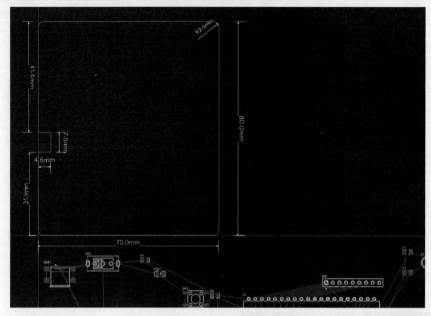

图 8-14　用折线绘制的板框

PCB 设计规则

8.2　设 计 规 则

设计规则用于设置 PCB 的基本设计原则，在其中输入一个安全设计规则可以保证 PCB 的设计不会出现设计问题。

执行"设计"→"设计规则"命令，弹出"设计规则"对话框，如图 8-15 所示。

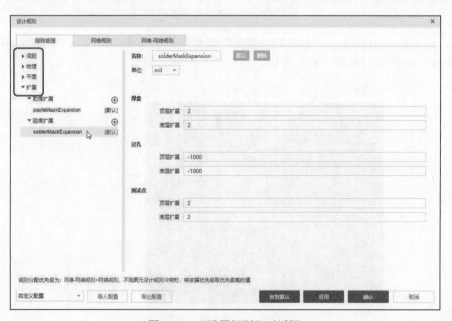

图 8-15　"设置规则"对话框

8.2.1　规则管理

在"规则管理"面板中，可以在每一种类型的规则下新增、修改、删除规则，对没有特殊设置规则的网络会使用默认的规则。

目前有四大类规则，每个具体规则下创建有一个或多个规则。

8.2.2　规则编辑

需要新增规则时，单击该规则右边的⊕图标，在"名称"栏中输入规则名称，然后用鼠标在输入框外部单击即可成功创建规则。

如添加电源导线（+5V、VCC）15mil 的规则，单击"导线"规则右边的⊕图标，新增一个名为 trackWidth1 的线宽规则，把名称改为"电源"，线宽的默认宽度改为 15mil，如图 8-16 所示。

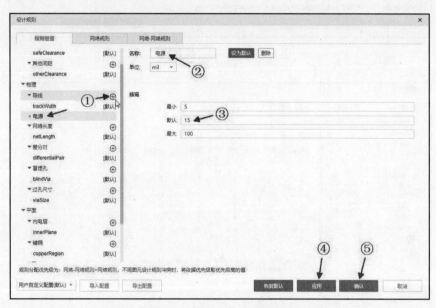

图 8-16　添加+5V 线宽规则

要让设计的+5V、VCC 规则起作用，还需要在"设计规则"对话框中选择"网络规则"标签，单击"导线"，在右边栏中选择名称为"+5V"的规则栏，单击"下拉菜单"图标⌄，选择"电源"的线宽规则，如图 8-17 所示；同样的方法，将名称为 VCC 的规则应用"电源"的线宽规则；选择好后单击"确认"按钮关闭"设计规则"对话框。

这样在布线时，+5V、VCC 就按设计的线宽规则进行布线。

注意：新增设计规则后需要重新对规则进行命名，注意同一个类型下规则名称不能重复。

（1）默认规则。左侧栏的"默认"规则类型下仅有一个，该规则会置顶。

如果想要将某个规则设为默认规则，则在该规则视图下单击"设为默认"按钮，如图 8-18 所示。

（2）删除规则。非默认规则支持删除，在要删除规则的视图下单击"删除"按钮即可，如图 8-18 所示。

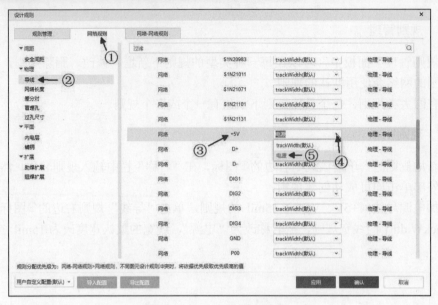

图 8-17　+5V 应用线宽规则

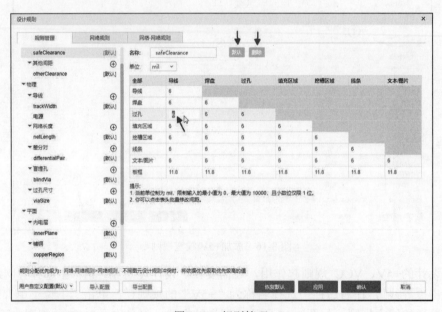

图 8-18　规则管理

8.2.3　间距规则

安全间距规则，通过安全间距表格可以设置两个不同网络图元之间的间距要求。如行"导线"与列"导线"相交处的值是 6mil，表示导线与导线之间的间距是 6mil；如行"过孔"与列"导线"相交处的值是 6mil，表示过孔与导线之间的间距是 6mil，如图 8-18 所示。

双击任意一个表格可修改规则的数值，如图 8-18 所示；单击表格顶部的名称可批量修改数值，如图 8-19 所示。

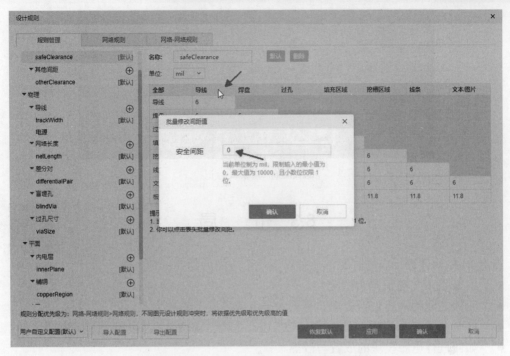

图 8-19　单击表格顶部的名称可批量修改数值

这里仅介绍了设置导线宽度规则、间距规则，其他规则请查看帮助文档，对初学者来说最好是使用系统默认的规则。

8.2.4　实时 DRC

开启实时 DRC 时，能在绘制 PCB 过程中实时报告错误，显示黄色的×标识。目前不同的 DRC 错误标识均是×标识，暂不支持其他不同错误样式。

执行"设计"→"实时 DRC"命令（勾选），如图 8-20 所示。

图 8-20　开启实时 DRC

开启"实时 DRC"选项时会弹窗提示是否执行一次 DRC 检查，现在选择"否"即可。

在违反了规则绘制 PCB 时，实时 DRC 会在 PCB 中提示错误×标记，如图 8-21 所示。

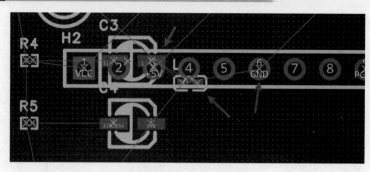

图 8-21　错误×标记

8.3　布　　局

PCB 布局

在对 PCB 元件进行布局时经常会有以下几个方面的考虑：

- PCB 板形与整机是否匹配？
- 元件之间的间距是否合理？有无水平上或高度上的冲突？
- PCB 是否需要拼板？是否预留工艺边？是否预留安装孔？如何排列定位孔？
- 如何进行电源模块的放置与散热？
- 需要经常更换的元件的放置位置是否方便替换？可调元件是否方便调节？
- 热敏元件与发热元件之间是否考虑距离？

8.3.1　自动布局

嘉立创 EDA 支持简单的自动布局功能，目前仅是体验阶段（预览版），会不断迭代更新。

执行"布局"→"自动布局"命令，自动布局开始，库面板底部显示自动布局的布通率，布局结果如图 8-22 所示。

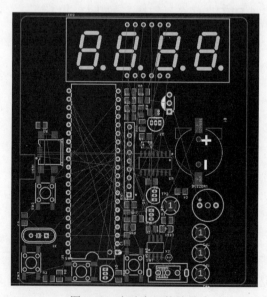

图 8-22　自动布局的结果

自动布局会根据内置的规则进行布局，如果绘制了板框，自动布局会根据板框自动摆放元件；如果没有绘制板框，自动布局将自动生成一个最优的矩形板框并自动布局。

从布局结果可以看出，该布局还不符合设计要求，需要进行手动布局，在工具栏中单击"撤销"按钮⊃撤销自动布局。

嘉立创后续开发完成后会根据原理图的元件位置、元件的连接关系、PCB 板的大小、间距规则等自动布局。

8.3.2　原理图与 PCB 图的交叉选择

嘉立创拥有强大的交叉选择功能。为了方便元件的寻找，需要把原理图与 PCB 图对应起来，使两者之间能相互映射，简称交叉。利用交叉式布局可以比较快速地定位元件，从而缩短设计时间，提高工作效率。

如果当前 PCB 板是打开的，用户需要在另一个窗口中打开原理图，方法是在需要打开的原理图上右击并选择"在新窗口打开"，如图 8-23 所示。

图 8-23　在新窗口中打开原理图

当选中一个元件或元件焊盘后，可以使用交叉选中功能定位原理图和 PCB 的元件位置。如在原理图中选中"DC5V 输入"模块，按 Shift+X 组合键，弹出"提示"对话框，如图 8-24 所示，单击"是"按钮，交叉选择结果如图 8-25 所示，原理图中选中的元件在 PCB 中高亮显示。

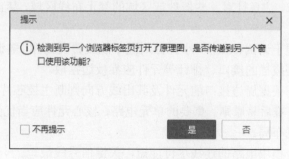

图 8-24　是否传递到另一个窗口

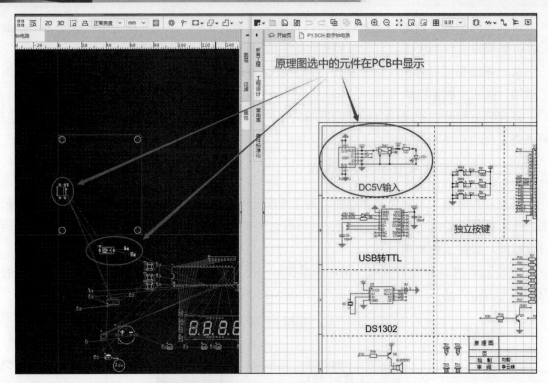

图 8-25　原理图中选中的元件在 PCB 中高亮显示

如果直接用鼠标单击 PCB 元件，原理图窗口中的元件也会进行定位，但不会移动画布，而使用快捷键进行交叉选中可以自动移动画布，使元件在画布中央。

这样原理图中选中的元件在 PCB 中高亮显示，在 PCB 中选中的元件在原理图中也高亮显示。原理图中选中的网络在 PCB 中高亮显示，原理图中选中的管脚 PCB 中高亮显示。可实现动态交叉探测，即原理图中选中的元件在 PCB 中可以直接移动布局。

8.3.3　手动布局

布局的基本原则：

- 先放置与结构相关的固定位置的元件，根据结构图设置板框尺寸，按结构要求放置安装孔、接插件等需要定位的器件，并将这些器件锁定。
- 明确结构要求，注意针对某些器件或区域的禁止布线区域、禁止布局区域及限制高度的区域。
- 元件放置要便于调试和维修，小元件周围不能放置大元件，需调试的元件周围要有足够的空间，需拔插的接口、排针等元件应靠板边摆放。
- 结构确定后，根据周边接口的元件及其出线方向判断主控芯片的位置及方向。
- 先大后小、先难后易原则。重要的单元电路、核心元件应当优先布局，元件较多、较大的电路优先布局。
- 尽量保证各个模块电路的连线尽可能短，关键信号线最短。
- 高压大电流与低压小电流的信号完全分开，模拟信号与数字信号分开，高频信号与低频信号分开。

● 同类型插装元件或有极性的元件在 X 或 Y 方向上应尽量朝一个方向放置，便于生产。
● 相同结构电路部分尽可能采用"对称式"标准布局，即电路中元件的放置保持一致。
● 电源部分尽量靠近负载摆放，注意输入/输出电路。

根据以上原则，先把 4 个螺钉放置在 PCB 板的四个角上，然后把 USB1 连接器（Micro-B 母座）放置在挖槽上，如图 8-26 所示，并在右侧的"属性"面板中将位置锁定。

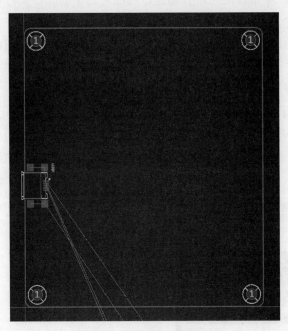

图 8-26　固定螺钉与连接器

1. 组合

在手动布局时可以把多个元件组成一个模块，可将模块内的器件一起拖动。

组合的方法有以下 3 种：

● 选择需要组合的器件（必须在两个或两个以上），执行"布局"→"组合"→"组合"命令。
● 选择需要组合的器件，右击并选择"组合"→"组合"命令。
● 选择需要组合的器件，按 Ctrl + G 组合键。

为这个组合命名，单击"确定"按钮即可将这些器件组合成一个模块，组合好的模块可在左侧面板中查看。

2. 取消组合

把选择的组合模块取消组合，方法有以下 3 种：

● 选择组合的模块，执行"布局"→"组合"→"取消组合"命令。
● 选择组合的模块，右击并选择"取消组合"命令。
● 选择组合的模块，按 Shift + G 组合键。

把所有组合的模块全部取消组合，方法为执行"组合"→"取消全部组合"命令。

3. 加入组合

不在组合内的器件加入组合中的方法为：选择器件，右击并选择"加入组合"命令，选择需要加入的组合模块。

4. 元件的对齐和分布

嘉立创 EDA 提供了非常方便的对齐功能，可以对选中的元件实行左对齐、右对齐、顶对齐、底对齐、左右居中、上下居中、对齐网络等操作。

在原理图、复用图块、符号、封装、PCB 中都有对齐功能，且操作方式一致。

对齐的操作方法：选择需要对齐的器件，执行"布局"→"对齐"命令（图 8-27），或者在工具栏中单击"对齐"图标 ，或者右击并选择相应对齐功能。

嘉立创 EDA 提供了非常方便的分布排距对齐功能，可以对选中的元件实行水平等距分布、垂直等距分布、左边沿等距分布、上边沿等距分布、水平指定中心间距分布等操作，方法为执行"布局"→"分布"命令，或者单击工具栏中的"分布"图标 （图 8-28），或者右击并选择相应分布功能。

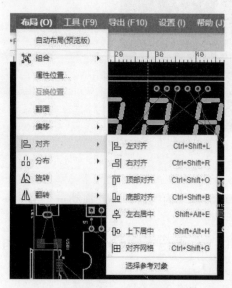

图 8-27 对齐功能

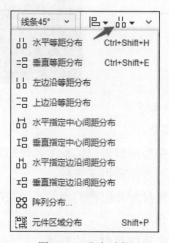

图 8-28 分布功能

在器件对齐与等距分布时，除了框选器件外，还可以按 Ctrl+鼠标单击分散的器件。单击工具栏中的"底对齐"图标 ，选中器件底部对齐；单击工具栏中的"水平等距分布"图标 ，选中器件水平等距分布，如图 8-29 所示。

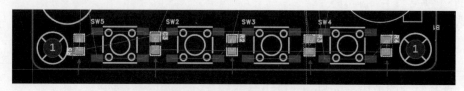

图 8-29 选择分散的元件底对齐并水平等距分布

5. 修改封装

在布局时可能发现元件的封装不合适，需要修改，方法为：返回原理图，按 Alt+F 组合键，弹出"封装管理器"对话框。选择需要修改封装的元件，如 Q1，在"搜索"栏中输入正确的封装编号，单击"搜索"按钮 $\mathbb{Q}$，搜索结果如图 8-30 所示，单击需要的封装，在"封装"栏中显示刚刚单击的封装，单击"更新"按钮。

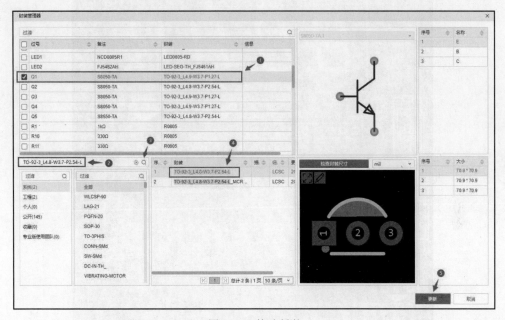

图 8-30　修改封装

将原理图修改封装的信息更新到 PCB，方法为：执行"设计"→"更新/转换原理图到 PCB"命令，弹出"确认导入信息"对话框，如图 8-31 所示，单击"应用修改"按钮。

图 8-31　"确认导入信息"对话框

在手动布局时，要注意晶振电路靠近芯片的晶振管脚摆放，保持走线越短越好；放置元件时，遵循该元件对于其他元件连线距离最短，交叉线最少的原则进行，可以按空格键让元件旋转到最佳位置后再放开鼠标左键。

修改封装后，手动布局的 PCB 板如图 8-32 所示。

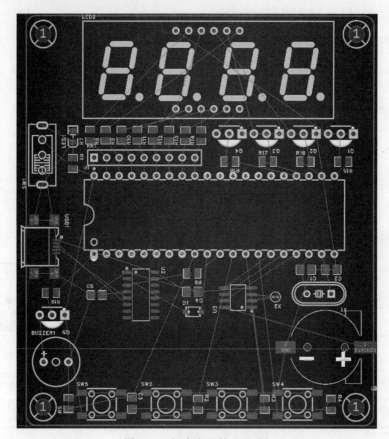

图 8-32　初步布局的 PCB 板

8.4　布　　线

PCB 布线

8.4.1　飞线

飞线是基于相同网络产生的。

当两个封装的焊盘网络相同时会出现飞线，表示这两个焊盘可以通过导线连接。嘉立创 EDA 专业版支持器件飞线的隐藏和显示。

- 隐藏：执行"视图"→"飞线"→"隐藏全部"命令。
- 显示：执行"视图"→"飞线"→"显示"命令。
- 单器件飞线隐藏：选中器件，执行"视图"→"飞线"→"隐藏器件飞线"命令，所选器件的飞线会单独隐藏，如图 8-33 所示。

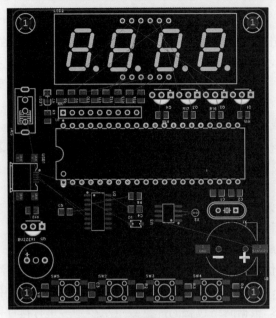

图 8-33　隐藏器件飞线

8.4.2　自动布线

1. 内部自动布线

嘉立创 EDA 支持自动布线，目前的自动布线效果一般，需要手动再次调整，后续嘉立创将继续优化自动布线功能。

执行"布线"→"自动布线"命令，弹出"自动布线"对话框，如图 8-34 所示。

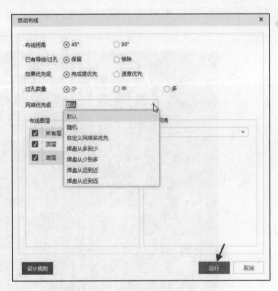

图 8-34　"自动布线"对话框

自动布线相关参数设置如下：

（1）布线拐角：45°或 90°。一般布线拐角都是 45°，如果板子要求不高，使用 90°布线也不会有什么影响。

（2）已有导线/过孔：保留或移除。在开始布线时可以对已经存在的导线或者过孔进行保留或者移除，默认保留，如果选择"移除"会自动清除全部导线或过孔进行布线。

（3）效果优先级：速度优先或完成度优先。如果想要快速布线就选择"速度优先"，在一定尝试时间内自动停止，可能有部分没有进行布线；如果不赶时间，则可以选择"完成度优先"，该选项会尽量完成布线。

（4）过孔数量：少、中、多。这个决定自动放置的过孔数量，过孔数量越多布线成功率越高，根据自己的接受程度选择。自动布线会自行生成过孔。

（5）网络优先级：根据设置的网络顺序从头到尾进行自动布线，不同的网络排序会影响布线成功率和最终布线效果。

- 默认：编辑器程序直接读取到的 PCB 网络顺序，未经排序。
- 随机：随机生成网络排序进行布线。
- 自定义网络名优先：网络名不是$开头的网络优先，按照首字母自然增序排序。
- 焊盘从多到少：根据网络包含的焊盘数量从多到少进行排序网络。
- 焊盘从少到多：根据网络包含的焊盘数量从少到多进行排序网络。
- 焊盘从远到近：根据网络包含的焊盘相互间距的总距离从远到近进行排序网络。
- 焊盘从近到远：根据网络包含的焊盘相互间距的总距离从近到远进行排序网络。

（6）布线图层：设置需要布线的图层。

（7）忽略网络：设置不需要进行自动布线的网络，单击下拉列表选择网络添加，单击"移除"按钮移除网络。比如 GND 这种不需要自动布线，一般在最后进行铺铜连接。

（8）设计规则：自动布线根据设计规则进行布线和放置过孔。可以先设置规则后进行布线。

单击"运行"按钮后开始自动布线，布线过程中可以实时预览。如果布线角度是 45°，布线时是以 90°拐角进行布线，在最后面结束时才会优化为 45°布线，布线结果如图 8-35 所示。

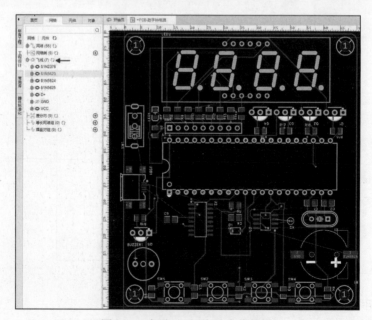

图 8-35　忽略 GND 自动布线结果

在布线过程中停止布线会保留已经完成的 90°布线和过孔，不需要的话可以手动清除。

从以上布线的结果看，有 7 根飞线，显然布局不合理。执行"布线"→"清除布线"→"全部"命令清除所有的布线，重新调整布局，再进行自动布线。PCB 的布局与自动布线可以配合使用，布局对布线的影响很大。如果用户觉得自动布线的效果不令人满意，可以重新调整元件布局，直到布线结果满意为止。

2．外部自动布线

如果内置的自动布线器无法满足自动布线需求，而嘉立创 EDA 支持导出自动布线文件 dsn 和导入自动布线会话文件 ses，所以用户可以通过导出自动布线文件使用第三方自动布线工具进行布线，再导入 ses 文件。本书不作介绍，请查看帮助文档。

8.4.3　自动调整位号位置

从图 8-35 可以看出位号的位置比较乱，需要调整。

一般来说，位号大都放到相应元件的旁边，其调整应遵循以下原则：

（1）位号显示清晰。

（2）位号不能被遮挡。若需要把元件位号印制在 PCB 板上，为了让位号清晰一些，调整时应避免放置到过孔或者元件范围内。

（3）位号的方向和元器件方向尽量统一。

执行"布局"→"属性位置"命令，弹出"属性位置"对话框，如图 8-36 所示，位号的范围可以是全部元件，也可以是仅选中元件；位号的位置可以是元件的上边、下边、左边、右边等，用户可根据需要进行选择，单击"确认"按钮。

图 8-36　调整位号位置

8.4.4　手动布线

手动布线可以在自动布线的基础上进行修改，也可以撤销布线重新手动布线。

1．清除布线

可以清除 PCB 板上的连接布线、网络布线和全部布线，如图 8-37 所示。

（1）清除连接布线：同一个焊盘的导线清除。操作方法有以下两种：

● 选择需要清除的导线，执行"布线"→"清除布线"→"连接"命令。

● 选择需要清除的导线，右击并选择"清除布线"→"连接"命令。

（2）清除网络布线：把同一个网络的导线清除。操作方法有以下两种：

● 选择需要清除的导线，执行"布线"→"清除布线"→"网络"命令。

● 选择需要清除的导线，右击并选择"清除布线"→"网络"命令。

（3）清除全部布线：将 PCB 中绘制的导线全部清除。操作方法有以下两种：

● 执行"布线"→"清除布线"→"全部"命令。

● 选择任意一条导线，右击并选择"清除布线"→"全部"命令。

2. 布线角度

在布线的时候切换走线的角度，支持线条 45°、线条 90°、圆弧 45°、圆弧 90°、圆弧自由角度、线条自由角度。

操作方法有以下 3 种：

● 执行"布线"→"布线拐角"命令，如图 8-38 所示。

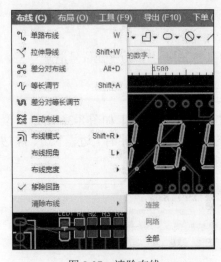
图 8-37　清除布线

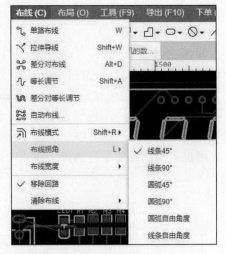
图 8-38　布线拐角

● 在工具栏的"布线拐角"下拉列表框 线条45° ∨ 中选择。

● 在布线模式下通过快捷键 L 改变布线的角度。

3. 布线宽度

在 PCB 布线时切换已设置好的导线宽度。

布线宽度设置方法：执行"布线"→"布线宽度"命令，如图 8-39 所示，也可以在布线时使用 Shift + W 组合键切换常用导线宽度。

4. 移除回路

如果需要在布线过程中自动移除导线环路进行修正布线，则需要开启移除回路功能。开启移除回路功能方法有以下两种：

● 执行"布线"→"移除回路"命令。

● 画布右侧的"属性"面板。当"移除回路"打开时，绘制的导线检测到有回路时会自动把上一个回路消除，减少手动删除的操作，如图 8-40 所示。移除回路会自动删除过孔。

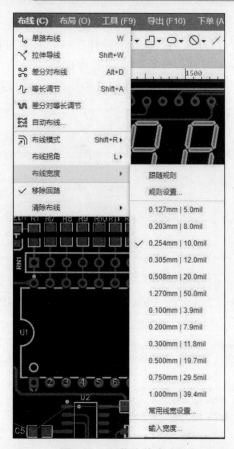

图 8-39　切换布线宽度

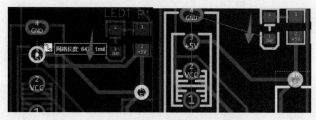

图 8-40　移除回路

5. 差分对管理器

差分对布线是一项要求在印刷电路板上创建利于差分信号（对等和反相的信号）平衡的传输系统的技术。差分线路一般与外部的差分信号系统相连接，差分信号系统是采用双绞线进行信号传输的，双绞线中的一条信号线传送原信号，另一条传送的是与原信号反相的信号。差分信号是为了解决信号源和负载之间没有良好的参考地连接而采用的方法，它对电子产品的干扰起到固有的抑制作用。差分信号的另一个优点是它能减小信号线对外产生的电磁干扰（EMI）。

该 PCB 板可以创建 3 个差分对，第 1 对单片机的 10 脚（TXD）、11 脚（RXD）；第 2 对 U2 的 2 脚、3 脚；第 3 对 USB1 的 2 脚（D-）、3 脚（D+）。

当需要差分对布线时，需要先创建差分对并设置设计规则。

创建第 1 对差分对 DP1，方法为：执行"设计"→"差分对管理器"命令，或者在"工程设计"→"网络"面板中单击"差分对"右边的⊕图标，弹出"差分对管理器"对话框，如图 8-41 所示；可以单击"单击选中网络"按钮选中网络，也可以通过下拉按钮∨选择网络。

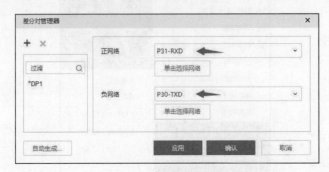

图 8-41　添加差分对

用同样的方法建立差分对 2（U2 的 2 脚、3 脚）和差分对 3（USB1 的 2 脚（D-）、3 脚（D+）），如图 8-42 所示。

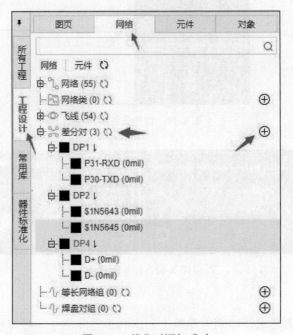

图 8-42　差分对添加成功

6. 差分对布线

（1）创建差分对规则。执行"设计"→"设计规则"命令，弹出"设计规则"对话框，可以设置差分对的布线规则，这里我们采用默认值，如图 8-43 所示。

（2）差分对布线。执行"布线"→"差分对布线"命令，单击需要进行差分对布线的焊盘（USB1 的 2 脚、3 脚），即可开始差分对布线，如图 8-44 所示。

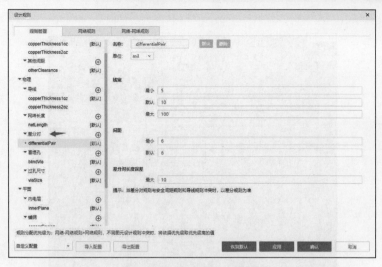

图 8-43　差分对设计规则

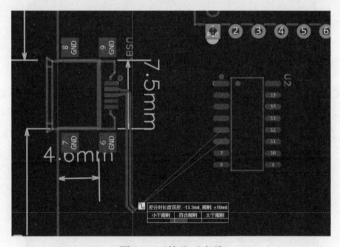

图 8-44　差分对布线

在布线过程中可以实时查看布线长度和差异；在绘制过程中可以通过按空格键切换路径走向，使用快捷键 T、B 进行切层；在布线过程中，光标右上角会提示布线误差和是否符合规则。

7. 切换当前图层的亮度

切换当前图层的亮度，将其他图层的元素变暗，单独显示当前图层的元素，可以在该图层上仔细检查布线是否合理。操作方法为：执行"视图"→"切换亮度"命令（快捷键为 Shift+S），或者在工具栏的"切换亮度"下拉列表框中选择切换，例如切换为"非激活层隐藏"，效果如图 8-45 所示。

切换层的快捷键如下：

● T：切换至顶层。
● B：切换至底层。
● V：布线过程中，使用快捷键 V 换层可以自动添加过孔。
● Shift+S：高亮当前层的所有元素，隐藏其他层的元素。

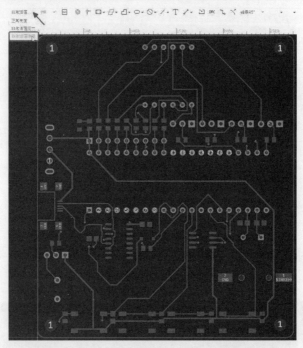

图 8-45　显示当前的激活层（自动布线的结果）

注意：隐藏 PCB 层只是视觉上的隐藏，在照片预览、3D 预览和导出 Gerber 时仍会导出对应层。

在掌握了以上布线技巧后，在自动布线的基础上手动布线的结果如图 8-46 所示。

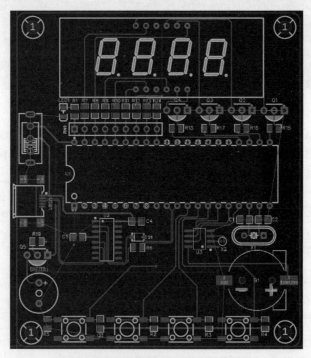

图 8-46　初步布线结果（GND 未布线）

8.5　修改工程名称

把 7.3.1 节新建的数字钟电路工程的名称"数字钟电路设计"改为"基于 51 单片机的数字电子时钟设计"。

（1）修改工程名。选中"数字钟电路设计"工程，右击并选择"工程管理"→"版本管理"，弹出"所有工程"对话框，单击"数字钟电路设计"工程，弹出数字钟电路设计编辑界面，如图 8-47 所示，将"工程名称"改为"基于 51 单片机的数字电子时钟设计"，单击"保存"按钮。

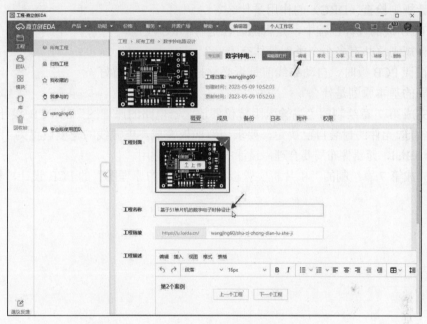

图 8-47　修改工程名称

（2）修改板子名称。修改"数字钟设计"为"基于 51 单片机的数字电子时钟设计"，方法为：选中"数字钟设计"，右击并选择"重命名"，输入新的名字。

（3）修改原理图名称。修改"SCH-数字钟电路"为"基于 51 单片机的数字电子时钟设计-SCH"，方法为：选中"SCH-数字钟电路"，右击并选择"重命名"，输入新的名字。

（4）修改 PCB 名称。用以上方法修改"PCB-数字钟电路"为"基于 51 单片机的数字电子时钟设计- PCB"。

至此，基于 51 单片机的数字电子时钟设计- PCB 基本完成，下一章将介绍 PCB 板的优化处理。

嘉立创 EDA 专业版支持无原理图的 PCB 设计。

新建一个 PCB 文档后，在下边的导航面板"元件库"中搜索和放置所需要的封装，可对每个封装添加自定义属性以便于导出 BOM 表。

PCB 界面的左侧面板中显示的是当前 PCB 界面的网络、焊盘下的网络、网络类和飞线，也可以进行修改。

本 章 小 结

本章介绍了 PCB 板设计、利用折线绘制复杂 PCB 板的边框、设计规则、元件的自动布局和手动布局、自动布线和手动布线、调整布局与布线等。PCB 布局合理是 PCB 设计成功的关键所在，因此务必保证 PCB 布局设计的合理性。

习 题 8

1．设计规则检查（DRC）的作用是什么？

2．在 PCB 板的设计过程中，是否随时在进行 DRC 检查？

3．设计规则总共有多少个类？具体有哪些？

4．在设计 PCB 板时，自动布线前是否必须把设计规则设置好？

5．布局的基本原则是什么？

6．请完成第 7 章绘制的"高输入阻抗仪器放大器电路的原理图"的 PCB 设计。PCB 板的尺寸根据所选元件的封装自己决定，要求用双面板完成，电源线的宽度设置为 18mil，其他线宽设置为 13mil，元器件布局要合理，设计的 PCB 板要适用。

7．请完成第 7 章绘制的"单片机实验板计时器部分的原理图"的 PCB 设计，具体要求同第 6 题。

第 9 章 交互式布线 PCB 设计后期处理

PCB 优化与检查

在完成元器件布局后，PCB 设计最重要的环节就是布线。嘉立创 EDA（专业版）直观的交互式布线功能可帮助用户精确地完成布线工作。印刷电路板设计被认为是一种"艺术工作"，一个出色的 PCB 设计具有艺术元素。完成一个优秀的布线要求用户具有良好的三维空间处理技巧、连贯和系统的走线处理，以及对布线和质量的感知能力。本章在上一章设计的数字钟电路的 PCB 板基础上进行优化，完成以下知识点的介绍：

- 交互式布线。
- PCB 设计后期处理。
- PCB 板的三维视图。

9.1 交互式布线

交互式布线并不是简单地放置线路使得焊盘连接起来。嘉立创 EDA（专业版）支持全功能的交互式布线，交互式布线工具可以通过以下两种方式调出：

- 执行"布线"→"单路布线"命令。
- 在工具栏中单击"单路布线"图标 ✎。

交互式布线工具能直观地帮助用户在遵循布线规则的前提下取得更好的布线效果，包括跟踪光标确定布线路径、单击实现布线、推开布线障碍或绕行、自动跟踪现有连接等。

1. 布线模式

布线时布线模式可在以下 4 种模式间切换：推挤障碍、环绕障碍、阻挡障碍、忽略障碍。操作方法有 3 种：通过右键菜单；执行"布线"→"布线模式"命令（图 9-1）；按 Shift+R 组合键。

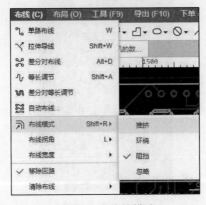

图 9-1 布线的模式

（1）推挤障碍。该模式下软件将根据光标的走向推挤其他线条的位置，使得这些障碍与新放置的线路不发生冲突，如图 9-2 所示。

图 9-2　推挤障碍

（2）环绕障碍。该模式下软件试图跟踪光标寻找路径绕过存在的障碍，它根据存在的障碍来寻找一条绕过障碍的布线方法。

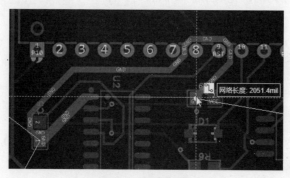

图 9-3　环绕障碍

（3）阻挡障碍。开启后，在布线模式下导线遇到线条将会阻挡住，如图 9-4 所示，一般选择该模式。

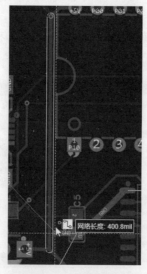

图 9-4　阻挡障碍

（4）忽略障碍。开启后，忽略走线规则。软件将直接根据光标走向布线，用户可以自由布线，如图 9-5 所示。一般不选择该模式。

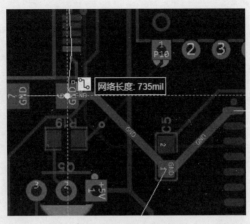

图 9-5　忽略走线规则

2. 单层显示 PCB 板

在 PCB 编辑界面中，按 Shift+S 组合键单层显示 PCB 板，如图 9-6 所示，仔细调整布线，按快捷键 B 可以切换到底层，按快捷键 T 可以切换到顶层。

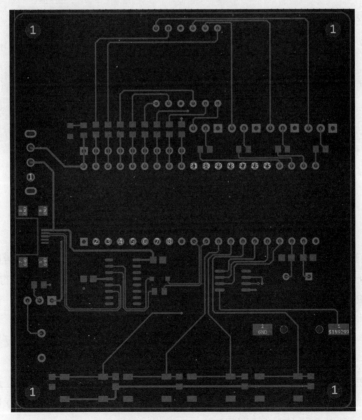

图 9-6　单层显示 PCB 板的顶层

重新布局、布线后的 PCB 板如图 9-7 所示。

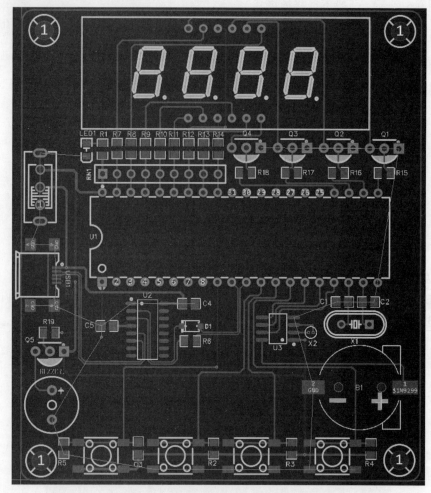

图 9-7　重新布局、布线后的 PCB 板

9.2　DRC 检查

设计完一个 PCB 后，需要对其进行规则检查（DRC）。DRC 检查是依据自行设置的规则进行的，例如自己设置的最小间距是 6mil，那么实际 PCB 中出现小于 6mil 的间距就会报错。

并不是说 DRC 检查有错误的板子就不能使用，有些规则是可以忽略的，例如丝印的错误不会影响电气属性。

（1）执行"设计"→"检查 DRC"命令开始进行 DRC 检查，底部面板显示检查结果，如图 9-8 所示。

从检测结果中可以看出，第 1 个错误——连接性错误，GND 没有连接，这个错误我们在铺铜的时候连接，所以这里不用管它；第 2 个错误——差分对错误，如图 9-9 所示，差分对的长度应该这么长，所以我们修改设计规则。

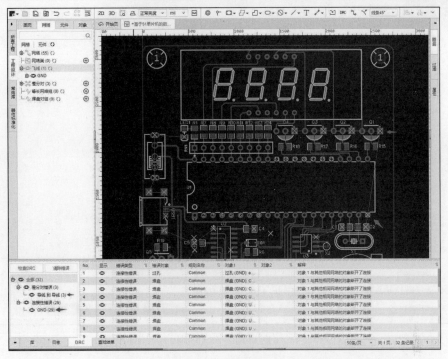

图 9-8 检查结果

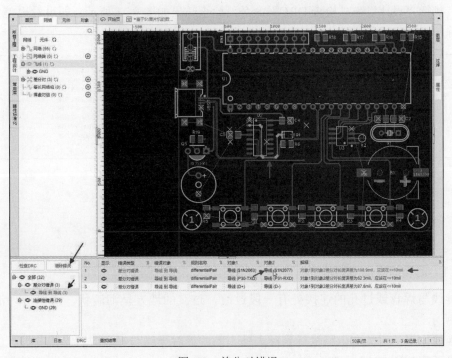

图 9-9 差分对错误

（2）修改设计规则：执行"设计"→"设计规则"命令，弹出"设计规则"对话框，如图 9-10 所示，选中差分对规则，将"差分对长度误差"的"最大"值改为 150mil，单击"确认"按钮。

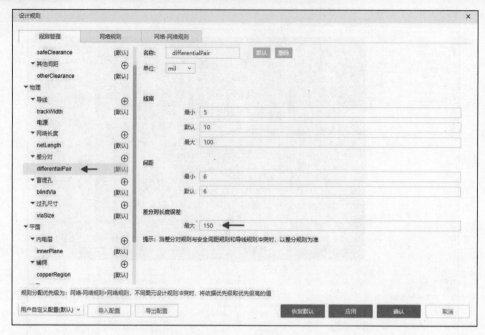

图 9-10　修改规则

（3）在图 9-9 所示的 DRC 信息面板中单击"清除错误"按钮，把检查后的 DRC 信息清除复位。执行"设计"→"检查 DRC"命令，检查结果如图 9-11 所示，即可看出差分对长度错误清除。

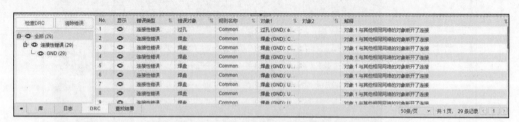

图 9-11　差分对长度误差错误清除

9.3　PCB 设计后期处理

9.3.1　泪滴的添加与删除

在导线与焊盘或过孔的连接处有一段过渡，过渡的地方呈泪滴状，所以称为泪滴，如图 9-12 所示。

泪滴的作用：避免在电路板受到巨大外力的冲撞时导线与焊盘或者导线与导孔的接触点断开，也可使 PCB 电路板显得更加美观，焊接上可以保护焊盘，避免多次焊接使焊盘脱落，生产时可以避免蚀刻不均、过孔偏位出现的裂缝等，信号传输时平滑阻抗，减少阻抗的急剧跳变，避免高频信号传输时由于线宽突然变小而造成反射，可使走线与元件焊盘之间的连接趋于平稳过渡化。

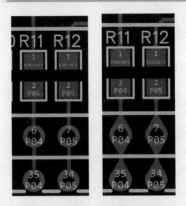

图 9-12　添加泪滴前后对比

添加泪滴的步骤如下：

（1）打开需要添加泪滴的 PCB 板，执行"工具"→"滴泪"命令，或者选中导线后右击并选择"泪滴"，弹出"泪滴"对话框，如图 9-13 所示。

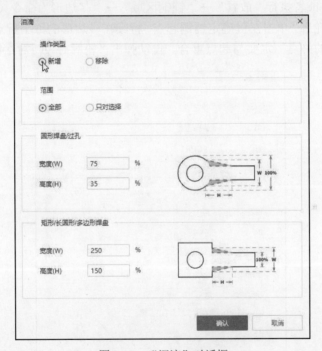

图 9-13　"泪滴"对话框

（2）在"操作类型"栏中，选择"新增"单选项表示此操作将添加泪滴，选择"移除"单选项表示此操作将删除泪滴。

（3）在"范围"栏中，选择"全部"单选项将对所有对象放置泪滴，选择"只对选择"单选项将只对所选择的对象放置泪滴。

（4）在"圆形焊盘/过孔"栏中，可以设置泪滴的宽、高所占的百分比。一般选择默认值。

（5）在"矩形/长圆形/多边形焊盘"栏中，可以设置泪滴的宽、高所占的百分比。一般选择默认值。

单击"确认"按钮，PCB 板上的所有焊盘、过孔均添加泪滴。

9.3.2 绘制多边形铺铜区域

铺铜也称敷铜，就是将 PCB 上闲置的空间作为基准面，然后用固定铜填充，这些铜区又称为灌铜。铺铜的意义如下：

- 增加载流面积，提高载流能力。
- 减少接地阻抗，提高抗干扰能力。
- 降低压降，提高电源效率。
- 与地线相连，减少环路面积。
- 多层板对称铺铜可以起到平衡作用。

绘制多边形铺铜区域的方法如下：

（1）在右边的"图层"面板中选择需要绘制多边形铺铜的 PCB 板层（顶层或底层），这里选择顶层。

（2）单击工具栏中的"多边形铺铜"按钮 ⊡ ▾（单击"铺铜"按钮右边的 ▾ 可以选择铺铜是矩形还是圆形），或者执行"放置"→"铺铜区域"→"多边形"命令（快捷键为 E），鼠标指针上悬浮着铺铜轮廓，单击左键确定铺铜起点，持续在多边形的每个折点上单击确定多边形的边界，最后单击的终点一定要与起点重合，自动弹出"轮廓对象"对话框，如图 9-14 所示。

图 9-14　铺铜区域的属性

属性：
- 类型：EDA 默认为"铺铜区域"类型。
- 名称：可以为铺铜设置不同的名称，这里选择默认值。

- 图层：可以修改铺铜区域的层：顶层、底层。
- 网络：设置铜箔所连接的网络。当网络和画布上的元素网络相同时，铺铜才可以和元素连接并会显示出来，否则铺铜会被认为是孤岛被移除。
- 锁定：仅锁定铺铜的位置。锁定后将无法通过画布修改铺铜的大小和位置。

填充设置：

- 填充样式：
  - ➢ 全填充：表示铺铜区域是实心的。
  - ➢ 网格 45°：该区域的填充为 45°的网格填充。
  - ➢ 网格 90°：该区域的填充为 90°的网格填充。

填充效果如图 9-15 所示。

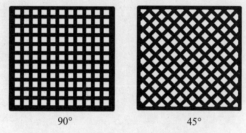

90°   45°

图 9-15　90°和 45°填充风格的铺铜区域

- 保留孤岛：是或否。选择"否"即是去除死铜。若铺铜的一小块填充区域没有设置网络，那么它将被视为死铜而去除。保留孤岛的设置选择"否"，即去除死铜，填充样式选择"网格 45°"的效果如图 9-16 所示。
- 制造优化：仅在填充样式为"全填充"时出现，网格铺铜默认启用"制造优化"。默认为"是"，将移除铺铜的尖角和小于 8mil 的细铜线，利于生产制造；设置为"否"则显示尖角和细铜线，如图 9-17 所示。

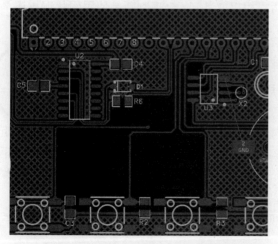

图 9-16　去除死铜 45°填充的铺铜效果

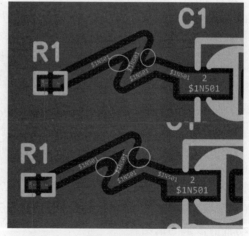

图 9-17　铺铜默认启用"制造优化"

在铺铜区域的属性设置完成后单击"确认"按钮，铺铜完成后的效果如图 9-18 所示。

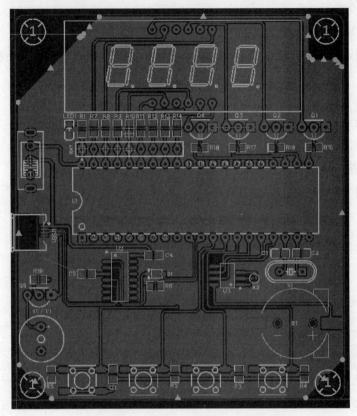

图 9-18　多边形铺铜的 PCB 板

如果制板的工艺不高，铺铜铺成实心的，时间久了，PCB 板的铺铜区域容易起泡，而如果铺铜铺成网状的则不存在这个问题。对于增强柔性板的灵活弯折来讲，铺铜或平面层最好采用网状结构。但是对于阻抗控制或其他的应用来讲，网状结构在电气质量上又不尽如人意。所以，设计师在具体的设计中需要根据设计需求两害相权取其轻，合理判断是使用网状铜皮还是使用实心铜。

9.3.3　异形铺铜的创建

很多情况下，有一个圆角矩形边框或者非规则形状的板子，需要创建一个和板子形状一模一样的铺铜，该怎么处理呢？

方法与多边形铺铜类似，只是在铺铜时选择"矩形"。执行"放置"→"铺铜区域"→"矩形"命令，鼠标指针上悬浮着铺铜轮廓，单击左上角确定矩形的一个点，再单击右下角确定矩形的另一个点，弹出"轮廓对象"对话框，如图 9-19 所示，单击"确认"按钮铺铜自动完成，铺铜效果如图 9-20 所示。

异形铺铜的创建，可以直接在板子边框外部绘制，不需要沿着板子边框，嘉立创 EDA 会自动裁剪多余的铜箔。

绘制铺铜，顶层和底层需要分别绘制。一块板子可以绘制多个铺铜区并分别设置。

图 9-19 铺铜对象属性

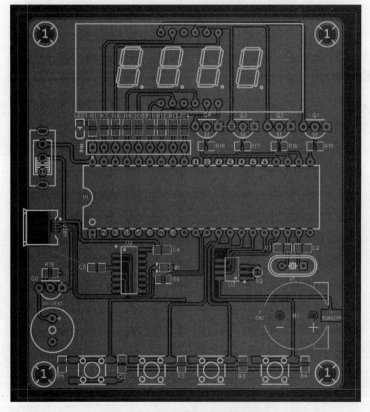

图 9-20 顶层异形铺铜的创建

激活底层，用相同的方法为底层铺铜，铺铜效果如图 9-21 所示，单击右键退出铺铜。

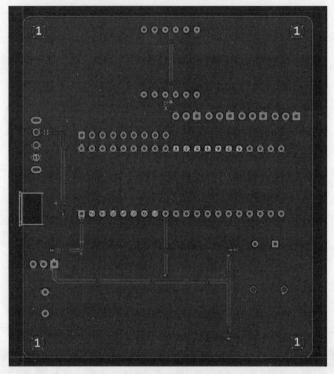

图 9-21　底层异形铺铜的创建

9.3.4　放置 Logo

嘉立创 EDA 在 PCB 编辑器中增加了放置图片功能，用户可在 PCB 上放置 SVGZ、SVG、PNG、PIP、JPG、PJPEG、JPEG、JFIF 格式的图片。

（1）激活要放置 Logo 的顶层丝印层。执行"放置"→"图片"命令或"文件"→"导入"→"图片"命令，弹出"打开"对话框，如图 9-22 所示。

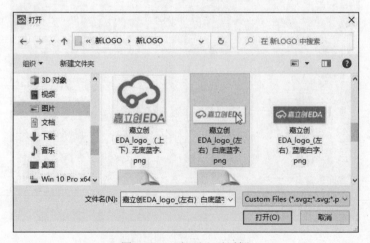

图 9-22　"打开"对话框

选中需要导入的图片后单击"打开"按钮，弹出"插入图片"对话框，如图 9-23 所示。

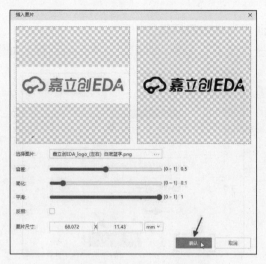

图 9-23　"插入图片"对话框

- 容差：数值越大，图像损失越大。
- 简化：数值越大，图像边沿越圆润。
- 平滑：数值越大，导入的图片越平滑，开启"质量优先"后效果更明显。
- 反相：选择后，原本高亮的区域会被挖图。
- 图片尺寸：设置要插入的大小，修改单个数值会等比例缩放，系统只支持两种单位，即 mm 和 mil。

（2）用户选择默认值，单击"确认"按钮，鼠标指针上悬浮插入的图片轮廓，如图 9-24 所示，在适当的位置单击左键放置插入的图片，单击右键退出放置图片状态，刚放置的图片处于选中状态，单击右边的"属性"面板调整图片的尺寸，如图 9-25 所示。

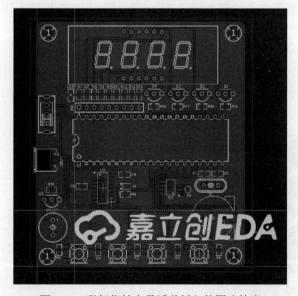

图 9-24　鼠标指针上悬浮着插入的图片轮廓

图 9-25　调整插入图片的尺寸及位置

9.3.5 放置文本

文本放置在 PCB 里面作为说明或标识使用。

（1）执行"放置"→"文本"命令，弹出"文本"对话框，如图 9-26 所示。

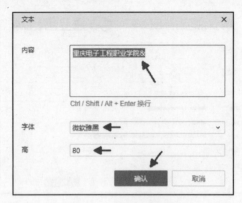

图 9-26 "文本"对话框

（2）在文本框内输入需要放置的文本内容，设置字体和高，单击"确认"按钮即可生成预览，在 PCB 的适当位置再次单击可放置在 PCB 中，单击右键退出放置文本状态，刚放置的文本处于选中状态，单击右边的"属性"面板调整文本的尺寸。

用以上方法放置"基于 51 单片机数字电子时钟设计""复位""设置""加""减""ON"等文本，"ON"文本在"属性"面板的"反相"中选择"是"。在放置文本状态下按 Tab 键，弹出"文本"对话框，输入新的文本继续放置。

9.3.6 设置坐标原点

在 PCB 编辑器中，系统提供了一套坐标系，其坐标原点称为绝对原点，位于图纸的最左下角。但在编辑 PCB 板时，往往根据需要在方便的地方设计 PCB 板，所以 PCB 板的左下角往往不是绝对坐标原点。

嘉立创 EDA（专业版）提供了设置原点的工具，用户可以利用它设定自己的坐标系，方法为：执行"放置"→"画布原点"→"从光标"命令（快捷键为 Home），此时鼠标指针上悬浮着原点轮廓，在图纸中移动十字光标到适当的位置，单击鼠标左键即可将该点设置为用户坐标系的原点，如图 9-27 所示。

图 9-27 设置坐标原点

9.3.7   放置尺寸标注

在设计印刷电路板时，为了使用户或生产者更方便地知晓 PCB 尺寸及相关信息，常常需要提供尺寸的标注。可以测量长度、圆的半径和角度。与测量距离的功能不同的是，尺寸放置是标注 PCB 板的长宽。

（1）直线尺寸标注。单击工具栏中的"放置尺寸"图标 ✐▾，或者执行"放置"→"尺寸"→"长度"命令，进入放置尺寸状态，鼠标左击测量的起点，移动鼠标到测量长度的终点并单击左键，再单击左键，尺寸测量完毕，如图 9-28 所示。

图 9-28   测量尺寸

单击放置好的尺寸标注可以在右侧的"属性"面板中修改以下信息：

- 尺寸类型：默认长度尺寸，不可修改。
- 图层：修改尺寸标注的图层。
- 单位：可修改为 mm、cm、inch、mil 四种单位。
- 长度：修改尺寸的放置长度。
- 宽：修改尺寸标注的宽度。
- 字体高度：修改字体的大小。
- 尺寸精度：可修改尺寸的精度，最多到 4 位数。

（2）半径测量。执行"放置"→"尺寸"→"半径"命令，左击圆心，再左击圆的半径，再左击放置测量尺寸的位置，圆的半径测量完毕，如图 9-29 所示。

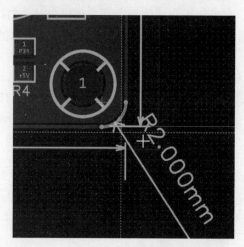

图 9-29　测量圆的半径

（3）角度测量。执行"放置"→"尺寸"→"角度"命令。

设计完成的 PCB 板如图 9-30 所示。

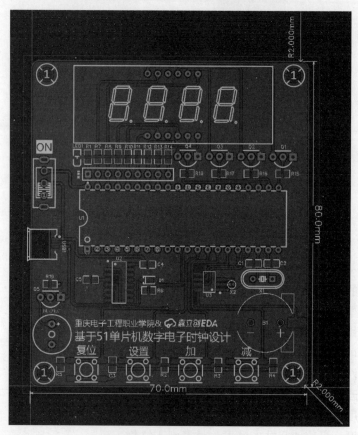

图 9-30　设计完成的 PCB 板

执行"设计"→"检查 DRC"命令再次进行 DRC 检查,底部面板显示检查结果,如图9-31 所示,从提示信息可以看出 PCB 板设计合理,没有错误。

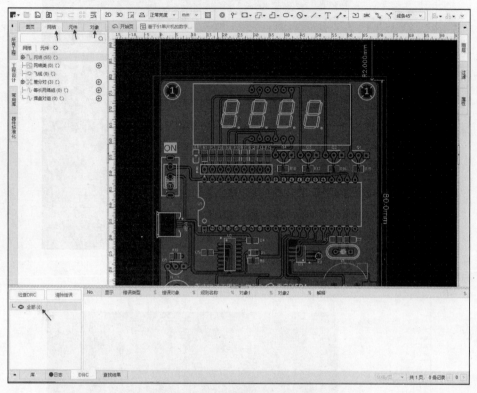

图 9-31 DRC 检查结果(无错误)

9.3.8 对象快速定位

在左侧"工程设计"面板的"网络""元件""对象"标签中可以选择对象类型如网络、元件等,单击下面的元件或网络系统会自动跳转到相应的位置,即完成快速查找对象。

(1)网络。PCB 界面的左侧面板中显示的是当前 PCB 界面的网络、焊盘下的网络、网络类和飞线,也可进行修改。

网络定位:单击网络,即可在 PCB 界面中高亮显示出来并平移画布到中央;双击网络可在 PCB 中缩放画布并且高亮;单击网络名前的颜色小方块会打开颜色设置面板,设置自己需要的网络显示颜色,如图 9-32 所示。

(2)元件。左侧面板"元件"中显示的是放置在当前 PCB 界面中的器件数量、焊盘、位号、封装等信息。单击可高亮选择的元素,双击可追随到 PCB 界面并且高亮放大。

(3)对象。在左侧的"对象"面板中,可以查看到当前 PCB 界面中放置的所有元素和元素的数量,相应地,每个分支都可以单击来使其在 PCB 中高亮,双击可放大到器件并且高亮,如图 9-33 所示。

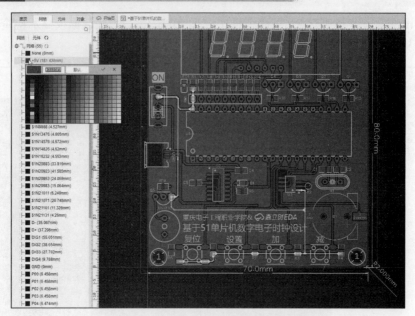

图 9-32　高亮+5V 网络

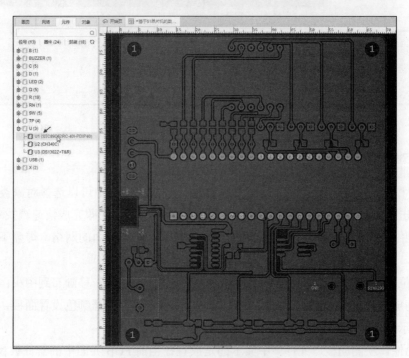

图 9-33　高亮 U1（单片机）

9.4　PCB 板的 3D 显示

　　为了查看 PCB 板焊接元器件后的效果，提前预知 PCB 板与机箱的结合，也就是 ECAD 与 MCAD 的结合，可以将设计好的板子生成 3D 预览（全在线模式）。

9.4.1　修改封装

在进行 3D 显示时，发现开关 SW1 的封装需要修改（由顶拨动开关修改为侧面拨动开关），方法如下：

（1）在"工程设计"面板的"元件"标签中选择 SW1，在右边的属性面板中单击器件右边的 ⋯ 按钮，如图 9-34 所示。

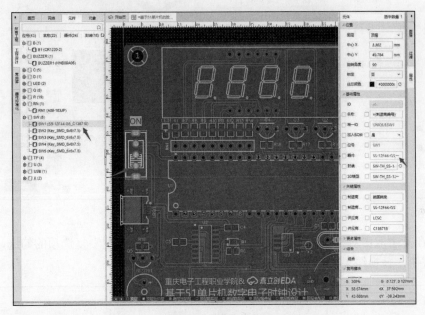

图 9-34　修改封装

（2）在弹出的"器件"对话框中查找器件 SK-12E12-G5，如图 9-35 所示，单击"替换"按钮后弹出"器件管理器"对话框，如图 9-36 所示。

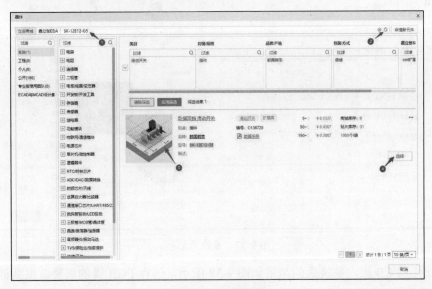

图 9-35　查找封装

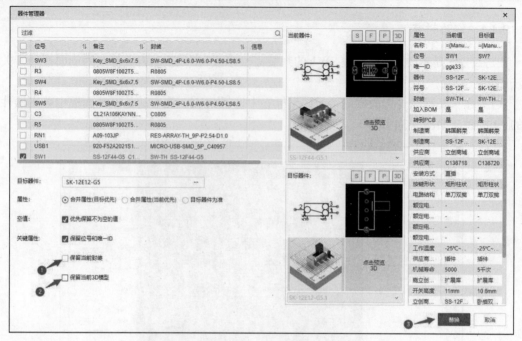

图 9-36　替换封装

（3）在其中取消对"保留当前封装"和"保留当前 3D 模型"复选项的勾选，然后单击"替换"按钮，替换结果如图 9-37 所示。

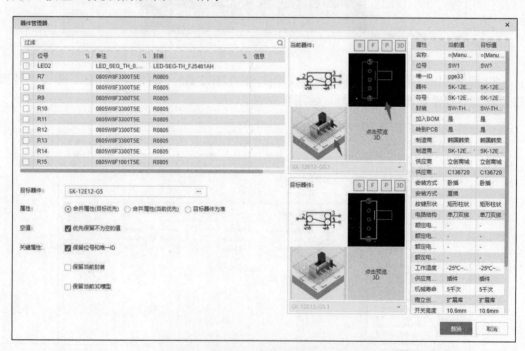

图 9-37　替换的结果

（4）返回 PCB 板，替换后的结果如图 9-38 所示，进行 PCB 板的调整，重新铺铜，然后即可进行 3D 显示。

图 9-38　PCB 版的替换情况

9.4.2　3D 预览

1. 3D 预览

执行"视图"→"3D 预览"命令，或者单击工具栏中的"3D 预览"图标 3D，弹出 3D 预览效果图，如图 9-39 所示。

图 9-39　3D 预览效果图

在右侧的"属性"面板中可以修改当前背景的颜色、板子的颜色、焊盘喷漆的颜色来仿真生成出来的 PCB 和 3D 模型。如果 PCB 的元件没有绑定元件 3D 模型，则需要在 PCB 界面中执行"工具"→"3D 模型管理器"命令绑定 3D 库。

- 背景颜色：预览界面的背景色设置。
- 板子颜色：PCB 板的颜色设置，支持 7 种颜色设置。
- 焊盘喷漆：PCB 板焊盘喷镀的颜色预览，金色或银色。
- 层发散：每个图层的间距，设置可以分开查看每一层的图形，如图 9-40 所示。
- PCB 距外壳底面高度：支持设置 PCB 板到底面外壳的高度，预览位置。
- 板厚/层厚信息：根据 PCB 图层管理器中的层堆栈设置的层厚进行展示，需要修改请在"图层管理器"中进行，即执行"工具"→"图层管理器"→"层堆栈"命令。

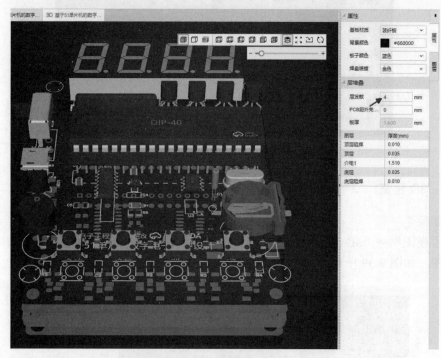

图 9-40　层发散的间距

2. 预览工具条

预览工具条支持多种功能，当鼠标悬浮在图标上时可以提示对应的功能名称，支持：

- 正常视图、轮廓视图、Gerber 视图。
- 顶面、底面、左面、右面、前面、后面。
- 爆炸：3D 外壳预览使用。
- 适应全部：当前预览适应视图区域。
- 导入变更：导入 PCB 的变更。
- 刷新：回归默认视角。

从顶面预览的效果如图 9-41 所示，从左面预览的效果如图 9-42 所示，从底面预览的效果如图 9-43 所示。

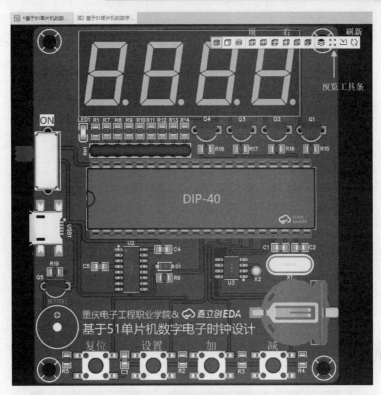

图 9-41　从顶面显示 3D 图

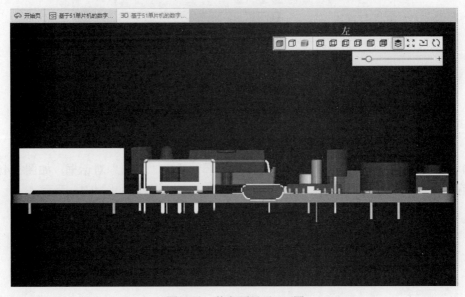

图 9-42　从左面显示 3D 图

3. 图层切换

支持在右侧的"图层"面板中隐藏不需要的图层。

4. 顶部工具栏

顶部工具栏支持导出图片和 3D 模型，如图 9-44 所示。

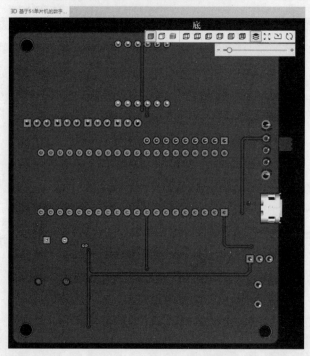

图 9-43　从底面显示 3D 图

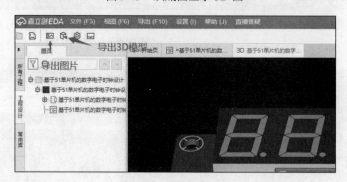

图 9-44　顶部工具栏

（1）在顶部工具栏中单击"导出图片"按钮，弹出"导出"对话框，如图 9-45 所示，选择保存的文件夹，单击"保存"按钮。打开保存的图片文件，如图 9-46 所示。

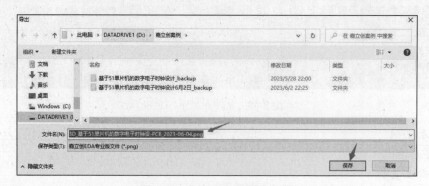

图 9-45　保存导出的图片文件

图 9-46　打开导出的图片文件

（2）在顶部工具栏中单击"导出 3D 模型"按钮 🐱，弹出"导出 3D 文件"对话框，如图 9-47 所示，选择文件类型、导出对象，单击"导出"按钮，弹出"保存"对话框，如图 9-48 所示，选择保存的文件夹，单击"保存"按钮。

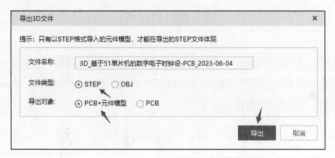

图 9-47　导出 3D 模型文件

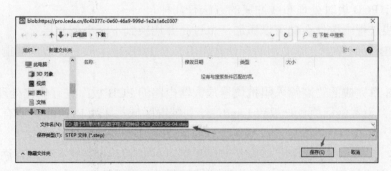

图 9-48　保存 3D 模型文件

注意：此 3D 功能的预览是一个生成文件的仿真图预览，不能作为实物，具体的结果请参照生产的结果。

基于 51 单片机数字电子时钟的 PCB 设计完成，做出的数字电子时钟实物如图 9-49 所示。

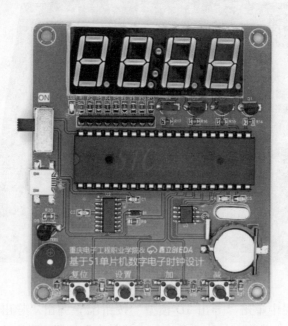

图 9-49　数字电子时钟实物

本 章 小 结

本章介绍了交互式布线的处理方式、放置泪滴、放置尺寸标注、设置坐标原点、放置 Logo、绘制多边形铺铜区域、异形铺铜的创建、对象快速定位、PCB 板的 3D 显示等。学习完本章后读者可熟练地进行 PCB 板的优化设计。

习 题 9

1．在设计 PCB 板时处理布线冲突的方法有几种？

2．在布线过程中按什么键可以添加一个过孔并切换到下一个信号层？

3．在 PCB 板的焊盘上添加泪滴有什么作用？在 PCB 板上放置多边形铺铜一般与哪个网络相连？

4．对第 8 章完成的"高输入阻抗仪器放大器电路的 PCB 板"进行优化处理，添加泪滴，放置尺寸标注，设置坐标原点，放置 Logo，绘制铺铜区域，并为 PCB 板上所有的元器件建立 3D 模型，查看 PCB 板的 3D 显示，检查设计的 PCB 板是否适用。

5．对第 8 章完成的"单片机实验板计时器部分 PCB 板"进行优化处理，添加泪滴，放置尺寸标注，设置坐标原点，放置 Logo，绘制铺铜区域，并为 PCB 板上所有的元器件建立 3D 模型，查看 PCB 板的 3D 显示，检查设计的 PCB 板是否适用。

6．完成图 9-50 所示单片机实验板计时器部分的原理图和 PCB 设计。

7．完成图 9-51 所示单片机实验板 USB 转串口部分的原理图和 PCB 设计。

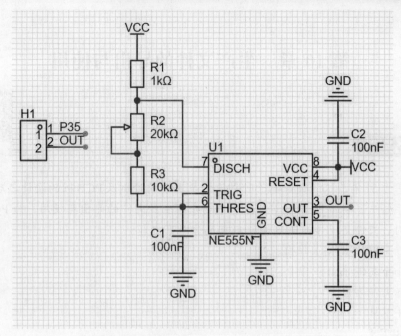

图 9-50　单片机实验板计时器部分的原理图

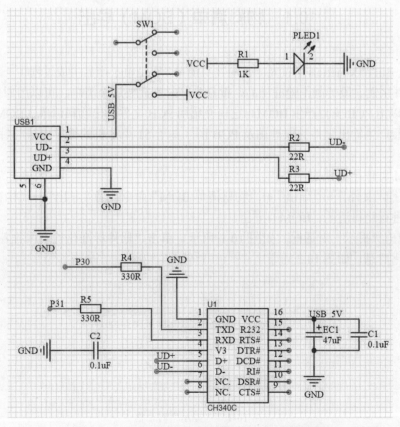

图 9-51　单片机实验板 USB 转串口部分的原理图

第 10 章　生产文件的导出与使用

生产文件的导出与使用

在完成基于 51 单片机的数字电子时钟设计原理图的绘制及 PCB 板的设计之后即可输出生产文件，进行元件下单和 PCB 下单。本章主要介绍生产文件的导出与使用，为 PCB 的后期制作、元件采购、文件交流等提供方便。本章包含以下内容：

● 物料清单（BOM）导出。
● Gerber 文件导出。
● 坐标文件导出。
● 元件下单。
● PCB 下单。

10.1　物料清单（BOM）导出

BOM 是 Bill of Materials 的简称，也叫物料清单，它是电子产品生成过程中一个很重要的文件。在元器件采购、设计制作验证样品、批量生产时都需要这个清单，可以用原理图文件产生 BOM，也可以用 PCB 文件产生 BOM。这里介绍用 PCB 文件导出物料清单（BOM）的方法。

打开需要产生输出文件的原理图及 PCB 图（基于 51 单片机的数字电子时钟设计-SCH 及 PCB）。

1. BOM 文件导出操作

（1）执行"文件"→"导出"→"物料清单 BOM"命令或者"导出"→"物料清单 BOM"命令，均可进行物料清单（BOM）导出。

（2）弹出"提示"对话框，如图 10-1 所示，单击"器件标准化检查（推荐）"按钮，弹出器件标准化信息，如图 10-2 所示。

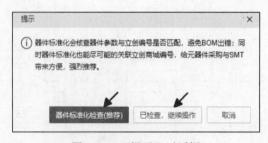

图 10-1　"提示"对话框

图 10-2　器件标准化信息

（3）设置好"待确定"和"待分配编号"标签，重新执行"导出"→"物料清单 BOM"命令，弹出"提示"对话框，单击"已检查，继续操作"按钮，弹出"导出 BOM"对话框，如图 10-3 所示。

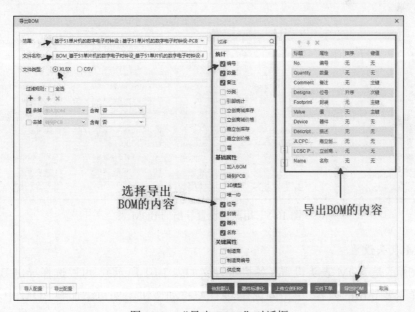

图 10-3　"导出 BOM"对话框

（4）设置导出 BOM 的文件名称和文件类型。默认的文件名称是在打开的项目名称前自动添加"BOM_"。导出的 BOM 文件类型支持 XLSX 和 CSV 格式，默认为 XLSX 格式。

（5）"过滤"部分显示的是 BOM 表的统计项和器件的属性选择，可以根据需要勾选导出的内容。该部分勾选 ✅ 的信息在右边栏显示（即 BOM 表导出的列），取消勾选则右边栏不显示。

（6）单击"导出 BOM"按钮，弹出"导出"对话框，如图 10-4 所示，可以设置保存文件名和保存类型，单击"保存"按钮即可用默认设置导出物料清单（BOM）。

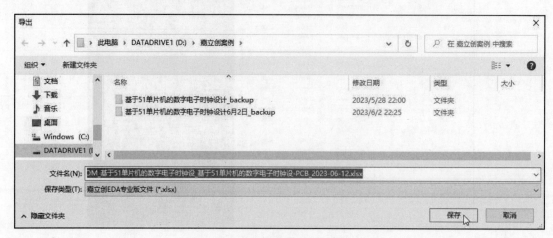

图 10-4　保存文件名和保存类型设置

（7）找到保存导出 BOM 表的文件夹，打开导出的 BOM 表，如图 10-5 所示。

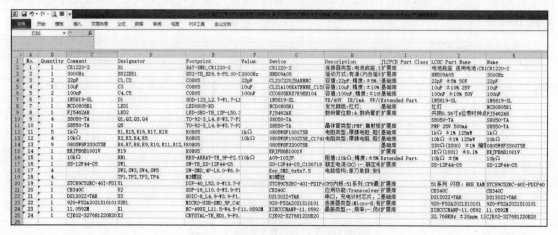

图 10-5　用默认设置导出的 BOM 表

2. BOM 表头设置

图 10-6 所示是 BOM 表头设置（各栏目含义如表 10-1 所示），可以选择导出 BOM 表的具体内容。选择需要导出的内容，单击勾选 ✅ 或往右移动按钮 ▷ 即可添加到 BOM 中。移除 BOM 表中标题的操作方法有 3 种：在不需要导出的内容前取消勾选，在右侧选中需要移除的标题后

单击"移除"图标 ❮ 或 ✖。BOM 表的列排序可以在选中标题后单击升 ⬆、降 ⬇ 按钮，设置好后单击"导出 BOM"按钮即可按设置好的表头导出 BOM 表，如图 10-7 所示。

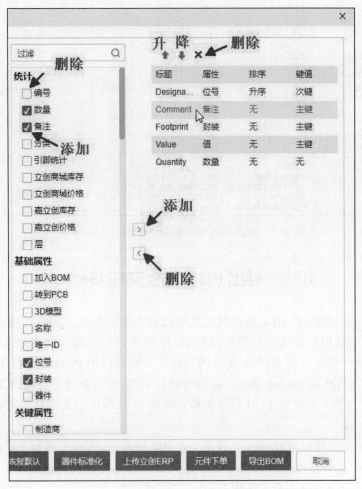

图 10-6　BOM 表头设置

表 10-1　BOM 表头各栏目含义

序号	名称	含义	备注
1	标题	导出 BOM 的标题	双击后可修改 BOM 的表头名称
2	属性	导出器件的属性名	
3	排序	导出 BOM 表属性的排列顺序	体现在 BOM 中单元格内部的排序
4	键值	设置该属性是否需要合并在一行	次键：将相同的属性导出 BOM 表时值合并导出，合并在一行 主键：将相同的属性导出 BOM 表时值分开导出，各自一行

	A	B	C	D	E
1	Designator	Comment	Footprint	Value	Quantity
2	B1	CR1220-2	BAT-SMD_CR1220-2		1
3	BUZZER1	3000Hz	BUZ-TH_BD9.6-P5.00-D	3000Hz	1
4	C1, C2	22pF	C0805	22pF	2
5	C3	10uF	C0805	10uF	1
6	C4, C5	100nF	C0805	100nF	2
7	D1	1N5819-SL	SOD-123_L2.7-W1.7-LS		1
8	LED1	NCD0805R1	LED0805-RD		1
9	LED2	FJ5462AH	LED-SEG-TH_12P-L50.3		1
10	Q1, Q2, Q3, Q4	S8050-TA	TO-92-3_L4.8-W3.7-P2		4
11	Q5	S8550-TA	TO-92-3_L4.8-W3.7-P2		1
12	R1, R15, R16, R17, R18	1kΩ	R0805	1kΩ	5
13	R2, R3, R4, R5	10kΩ	R0805	10kΩ	4
14	R6, R7, R8, R9, R10, R11,	0805W8F3300T5E	R0805		9
15	R19	ERJPB6B1001V	R0805		1
16	RN1	10kΩ	RES-ARRAY-TH_9P-P2.5	10kΩ	1
17	SW1	SS-12F44-G5	SW-TH_SS-12F44-G5		1
18	SW2, SW3, SW4, SW5		SW-SMD_4P-L6.0-W6.0-		4
19	TP1, TP2, TP3, TP4		M3螺丝		4
20	U1	STC89C52RC-40I-PDIP4	DIP-40_L52.0-W13.7-P		1
21	U2	CH340C	SOP-16_L10.0-W3.9-P1		1
22	U3	DS1302Z+T&R	SOIC-8_L4.9-W3.9-P1.		1
23	USB1	920-F52A2021S10101	MICRO-USB-SMD_5P_C40		1
24	X1	11.0592M	HC-49US_L11.5-W4.5-P	11.0592M	1
25	X2	CJK02-327681220B20	CRYSTAL-TH_BD1.9-P0.		1

图 10-7　由图 10-6 所示表头设置导出的 BOM 表

10.2　导出 PCB 制板文件 Gerber

　　Gerber 文件是一种符合 EIA 标准规定的可以被光绘图机处理的文件格式，用来把 PCB 电路板图中的布线数据转换为胶片的光绘数据。PCB 生产厂商用这种文件来进行 PCB 制作。各种 PCB 设计软件都有生成 Gerber 文件的功能。一般可以把 PCB 文件直接交给 PCB 生产厂商，厂商会将其转换成 Gerber 格式。而有经验的 PCB 设计者通常会将 PCB 文件按自己的要求生成 Gerber 文件，再交给 PCB 厂商制作，确保 PCB 制作出来的效果符合个人定制的设计需要。

　　嘉立创 EDA 软件导出的 Gerber 文件是一个 ZIP 压缩包，在板厂进行下单时直接上传该压缩包即可，Gerber 文件压缩包内文件说明如表 10-2 所示。有编辑需求的（如 CAM 工程师）可以解压后用第三方 CAM 工具来编辑 Gerber 文件。

表 10-2　嘉立创 EDA 软件导出的 Gerber 文件压缩包内文件说明

序号	文件名称	文件内容	备注
1	Gerber_BoardOutline.GKO	边框文件	PCB 板厂根据该文件切割板形。嘉立创 EDA 绘制的挖槽区域在生成 Gerber 后的边框文件中进行体现
2	Gerber_TopLayer.GTL	PCB 顶层	顶层铜箔层
3	Gerber_BottomLayer.GBL	PCB 底层	底层铜箔层
4	Gerber_TopSilkLayer.GTO	顶层丝印层	
5	Gerber_BottomSilkLayer.GBO	底层丝印层	
6	Gerber_TopSolderMaskLayer.GTS	顶层阻焊层	也可以称为开窗层，默认板子盖油，在该层绘制的元素对应到顶层的区域则不盖油

续表

序号	文件名称	文件内容	备注
7	Gerber_BottomSolderMaskLayer.GBS	底层阻焊层	也可以称为开窗层，默认板子盖油，在该层绘制的元素对应到底层的区域则不盖油
8	Gerber_TopPasteMaskLayer.GTP	顶层助焊层	开钢网用
9	Gerber_BottomPasteMaskLayer.GBP	底层助焊层	开钢网用
10	Gerber_DocumentLayer.GDL	文档层	用于记录 PCB 的备注信息，不参与制造生产
11	Gerber_DrillDrawingLayer.GDD	钻孔图层	该层不参与制造，用于对生成过孔的位置做对照标识
12	Drill_PTH_Through.DRL	金属化多层焊盘的钻孔层	这个文件显示的是内壁需要金属化的钻孔位置
13	Drill_PTH_Through_Via.DRL	金属化通孔类型过孔的钻孔层	这个文件显示的是内壁需要金属化的钻孔位置
14	Drill_NPTH_Through.DRL	非金属化钻孔层	这个文件显示的是内壁不需要金属化的钻孔位置，比如通孔（圆形挖槽区域）
15	Fabrication_ColorfulTopSilkscreen.FCTS	顶层彩色丝印文件	仅导出 Gerber 时勾选"彩色丝印工艺"时才有此文件
16	Fabrication_ColorfulBottomSilkscreen.FCBS	底层彩色丝印文件	仅导出 Gerber 时勾选"彩色丝印工艺"时才有此文件

10.2.1　Gerber 文件导出操作

（1）执行"文件"→"导出"→"PCB 制板文件（Gerber）"或者"导出"→"PCB 制板文件（Gerber）"命令，均可进行 Gerber 文件导出。

（2）在弹出的"导出 PCB 制板文件"对话框中可以设置导出文件名称，还可以选择"一键导出"或者"自定义配置"，如图 10-8 所示。

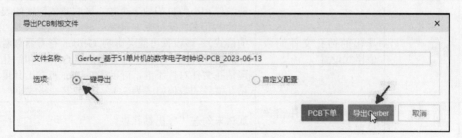

图 10-8　"导出 PCB 制板文件"对话框

- 一键导出：根据默认的设置把全部的层和图元都导出，不包含钻孔表和独立的钻孔信息文件。
- 自定义配置：根据自身的需要进行修改配置，如图 10-9 所示，支持钻孔信息和钻孔表，支持新增不同的配置在左侧列表中，支持选择导出的图层和图层镜像，支持选择导出的图元对象。导出的时候选择一个配置进行 Gerber 导出。最多支持创建 20 个配置，双击修改配置名。

图 10-9   自定义配置

自定义配置栏目说明如表 10-3 所示。

表 10-3   自定义配置栏目说明

序号	栏目名称	内容	备注
1	单位	导出的 Gerber 文件和钻孔文件的单位	默认为 mm
2	格式	导出的钻孔文件的数值格式设置	整数位和小数位的数字个数，影响数值精度的表达（传统的钻孔文件坐标数字只有 6 位，所以一般是 3:3、4:2 的格式）。该设置可能会影响 Gerber 查看器查看钻孔文件的对位。如果 Gerber 查看器预览 Gerber 和钻孔文件发现钻孔文件对位不准，可以用 Gerber 查看工具重新设置钻孔文件的数值格式为 3:3、4:2 或其他格式
3	钻孔	导出的钻孔文件相关设置	默认未勾选"导出钻孔表"
4	配置	导出的 Gerber 文件和钻孔文件所包含的层和对象设置	根据实际需要配置导出的 Gerber 文件和钻孔文件所包含的层和对象。可在"选择层"设置中设置对应层导出时是否进行镜像
5	导入配置/导出配置	支持导入导出 Gerber 自定义配置	支持导入导出 Gerber 自定义配置，方便配置复用。配置信息会存储在个人偏好中，进行云同步

（3）单击"导出 Gerber"按钮，弹出"警告"对话框，提示"是否先检查 DRC 再继续"，如图 10-10 所示。

图 10-10　DRC 检查提示对话框

（4）单击"是，检查 DRC"按钮，如果没有错误直接弹出保存 Gerber 文件对话框，如图 10-11 所示，单击"保存"按钮导出 Gerber 文件。

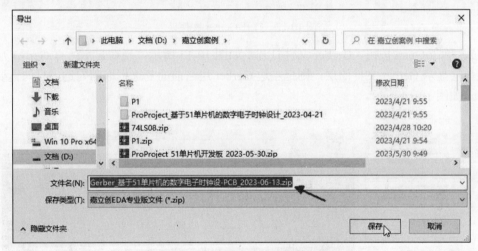

图 10-11　保存 Gerber 文件对话框

10.2.2　Gerber 预览

在发送 Gerber 文件给制造商前，请使用 Gerber 查看器再次检查 Gerber 是否满足设计需求，是否具有设计缺陷。

Gerber 查看器有 Gerbv、FlatCAM、CAM350、ViewMate、GerberLogix 等，推荐免费的 Gerbv。

Gerbv 使用方法：

（1）下载 Gerbv 并打开，解压下载的 Gerber 压缩包，单击左下角的 ➕ 打开 Gerber 文件夹，按 Shift+全选或者 Ctrl+A 全选解压后的 Gerber 文件，如图 10-12 所示。

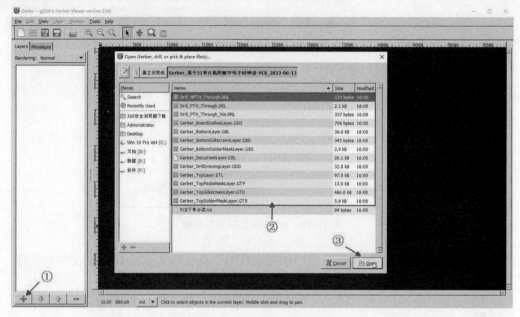

图 10-12　打开 Gerber 文件夹

（2）单击 Open 按钮，Gerber 文件打开，如图 10-13 所示。现在显示所有 Gerber 层，如果想要单层显示 Gerber 文件的层，则把左边 Gerber 层名前的复选框取消勾选，只勾选要显示的层名，如图 10-14 所示。

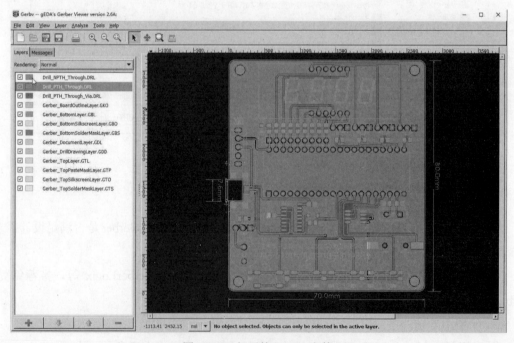

图 10-13　打开的 Gerber 文件

（3）在图 10-14 中可以进行缩放、量测、换层、检查钻孔和铺铜等是否满足设计与制作要求。

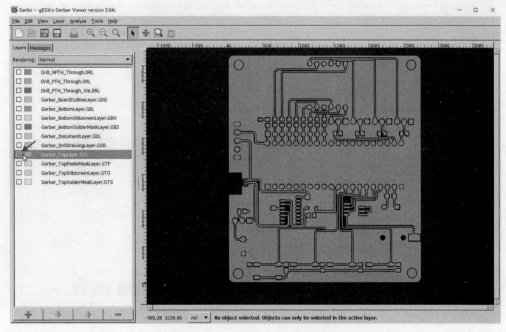

图 10-14 单层显示 Gerber 文件

Gerber 文件导出注意事项如下：

● PCB 下单按钮不会被自定义配置中的参数影响，会默认使用一键导出的文件进行上传下单，如果需要自定义导出 Gerber 配置，请务必导出 Gerber 后下单。

● 在生成制造文件之前，请务必进行 2D 或 3D 预览，查看设计管理器的 DRC 错误项，避免生成有缺陷的 Gerber 文件。

● 生成 Gerber 是通过浏览器生成，所以必须通过浏览器自身的下载功能下载，不能使用任何第三方下载器。

● Gerber 文件的坐标跟随画布坐标。

● 导出 Gerber 时，钻孔文件坐标格式精度默认为 3:3，当尺寸超出范围时自动用 4:2 格式，如果在 CAM350 等查看工具中发现钻孔偏移，请调整钻孔坐标格式。也可以导出时选择"自定义输出"，设置格式精度。

10.3 坐标文件导出

制板生产完成后，后期需要对各个元件进行贴片，这就需要用到各元件的坐标文件。

嘉立创 EDA 软件支持导出 SMT 坐标信息，生成坐标文件，以便电子产品生产厂家在 PCB 组装流程的 SMT 贴片过程中使用。在嘉立创 EDA 软件中坐标文件只能在 PCB 中导出。

1. 坐标文件导出操作

（1）在 PCB 编辑界面执行"文件"→"导出"→"坐标文件"命令或者"导出"→"坐标文件"命令，均可进行坐标文件导出。

（2）在弹出的"导出坐标文件"对话框（图 10-15）中可以设置导出坐标文件的文件名、导出文件类型、单位、坐标文件内容和其他选项。

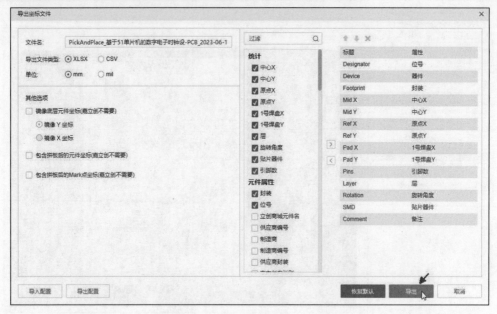

图 10-15 "导出坐标文件"对话框

其中，导出文件类型支持 XLSX 和 CSV 两种类型的文件，单位支持 mm 和 mil，坐标支持封装中心、封装原点、1 号焊盘三种类型的坐标文件，分别对应表头为 Mid X/Y、RefX/Y 和 Pad X/Y。

默认勾选了"引脚数"，导出的坐标文件包含 pins 列，含义为元件的封装焊盘数量。

"镜像底层元件坐标""包含拼板后的元件坐标"和"包含拼板后的 Mark 点坐标"这三个选项针对的是有部分贴片厂商对坐标文件有此特殊要求，在导出坐标文件时可根据需要勾选对应选项，嘉立创打样不需要勾选。

"过滤"栏和右边的标题、属性栏的操作与导出 BOM 表类似，此处不再赘述。

（3）单击"导出"按钮，弹出"导出"对话框，如图 10-16 所示，可以设置导出的坐标文件名和保存类型，单击"保存"按钮即导出了坐标文件。

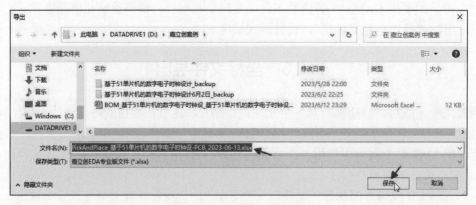

图 10-16 "导出"对话框

（4）找到保存坐标文件的文件夹，打开坐标文件，如图 10-17 所示，该文件是使用默认设置导出的坐标文件。

Designator	Device	Footprint	Mid X	Mid Y	Ref X	Ref Y	Pad X	Pad Y	Pins	Layer	Rotation	SMD	Comment
RN1	A09-103JP	RES-ARRAY-TH_9P-P2.5	24.511mm	52.07mm	24.511mm	52.07mm	14.351mm	52.07mm	9	T	0	No	10kΩ
R6	0805W8F3300T5E	R0805	29.972mm	23.622mm	29.972mm	23.622mm	30.972mm	23.622mm	2	T	180	Yes	{ManufacturerPart!}
D1	1N5819-SL	SOD-123_L2.7-W1.7-LS	30.099mm	26.162mm	30.099mm	26.162mm	28.444mm	26.162mm	2	T	0	Yes	{ManufacturerPart!}
TP4	M3螺丝	M3螺丝	66.294mm	76.454mm	66.358mm	76.391mm	66.294mm	76.454mm	1	T	0	No	M3螺丝
TP3	M3螺丝	M3螺丝	66.421mm	3.429mm	66.485mm	3.366mm	66.421mm	3.429mm	1	T	0	No	M3螺丝
TP2	M3螺丝	M3螺丝	3.556mm	3.175mm	3.62mm	3.112mm	3.556mm	3.175mm	1	T	0	No	M3螺丝
TP1	M3螺丝	M3螺丝	3.937mm	76.454mm	4mm	76.391mm	3.937mm	76.454mm	1	T	0	No	M3螺丝
B1	CR1220-2	BAT-SMD_CR1220-2	59.382mm	15.823mm	59.382mm	15.823mm	67.382mm	15.823mm	2	T	180	Yes	{ManufacturerPart!}
R11	0805W8F3300T5E	R0805	27.051mm	56.388mm	27.051mm	56.388mm	27.051mm	57.388mm	2	T	270	Yes	{ManufacturerPart!}
R12	0805W8F3300T5E	R0805	29.591mm	56.388mm	29.591mm	56.388mm	29.591mm	57.388mm	2	T	270	Yes	{ManufacturerPart!}
R13	0805W8F3300T5E	R0805	32.131mm	56.388mm	32.131mm	56.388mm	32.131mm	57.388mm	2	T	270	Yes	{ManufacturerPart!}
R14	0805W8F3300T5E	R0805	34.671mm	56.388mm	34.671mm	56.388mm	34.671mm	57.388mm	2	T	270	Yes	{ManufacturerPart!}
R7	0805W8F3300T5E	R0805	16.891mm	56.388mm	16.891mm	56.388mm	16.891mm	57.388mm	2	T	270	Yes	{ManufacturerPart!}
R8	0805W8F3300T5E	R0805	19.431mm	56.388mm	19.431mm	56.388mm	19.431mm	57.388mm	2	T	270	Yes	{ManufacturerPart!}
R9	0805W8F3300T5E	R0805	21.971mm	56.388mm	21.971mm	56.388mm	21.971mm	57.388mm	2	T	270	Yes	{ManufacturerPart!}
R10	0805W8F3300T5E	R0805	24.511mm	56.388mm	24.511mm	56.388mm	24.511mm	57.388mm	2	T	270	Yes	{ManufacturerPart!}
Q4	S8050-TA	TO-92-3_L4.8-W3.7-P2	39.624mm	56.582mm	39.624mm	56.582mm	42.164mm	56.582mm	3	T	180	No	{ManufacturerPart!}
R18	0805W8F1001T5E	R0805	39.497mm	52.324mm	39.497mm	52.324mm	40.497mm	52.324mm	2	T	180	Yes	1kΩ

图 10-17　使用默认设置导出的坐标文件

2. 坐标文件表头说明

在嘉立创 EDA 软件中使用默认设置导出的坐标文件包含 Designator、Device、Footprint、Mid X、Mid Y、Ref X、Ref Y、Pad X、Pad Y、Pins、Layer、Rotation、SMD、Comment 等栏目，它们的含义如表 10-4 所示。

表 10-4　坐标文件表头说明

序号	栏目名称	内容
1	Designator	位号
2	Device	器件，器件的名称，一般是元件的制造商编号
3	Footprint	封装，器件绑定的封装名
4	Mid X、Mid Y	封装的中心坐标
5	Ref X、Ref Y	封装的原点坐标
6	Pad X、Pad Y	封装第一个焊盘的坐标
7	Pins	器件的引脚数量
8	Layer	封装所在的层
9	Rotation	封装的旋转角度
10	SMD	封装是否属于全贴片
11	Comment	参数，器件的参数

10.4　PDF 文件导出

PDF 是一种电子文件格式，与操作系统无关，是由 Adobe 公司开发的。PDF 文件是以 PostScript 语言图像模型为基础，无论在哪种打印机上都可以保证精确的颜色和准确的打印效果。PDF 将忠实地再现原稿的每一个字符、颜色和图像。PDF 文件不管是在 Windows 和 UNIX 操作系统中还是在苹果公司的 Mac OS 操作系统中都是通用的。

嘉立创 EDA 软件支持 PCB 导出 PDF 文件的功能，该功能与原理图导出 PDF 文件有所不同，但操作相似。可单独支持导出图层和对象，设置导出镜像和透明度等。

1. PDF 文件导出操作

（1）在 PCB 编辑界面中执行"文件"→"导出"→"PDF/图片"命令或者"导出"→

"PDF/图片"命令，均可进行 PDF 文件导出。

（2）在弹出的"导出文档"对话框中可以设置导出的文件名称、输出方式、颜色、PDF 页、选择层、选择对象等，也可以在对话框的左下角进行导出 PDF 操作的配置导入和导出，方便快速完成导出设置，如图 10-18 所示。

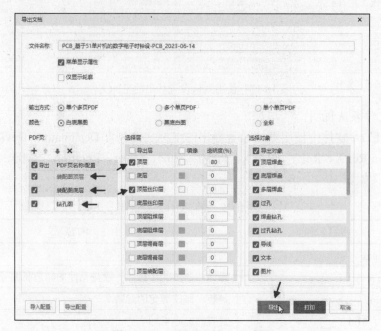

图 10-18　"导出文档"对话框

（3）采用默认设置，勾选"装配图顶层""装配图底层""钻孔图"，单击"导出"按钮，弹出"导出"对话框，单击"保存"按钮导出 PDF 文件，用系统默认的 PDF 阅读器打开该文件，如图 10-19 至图 10-21 所示。

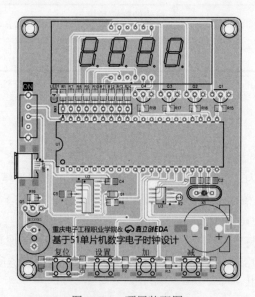

图 10-19　顶层装配图

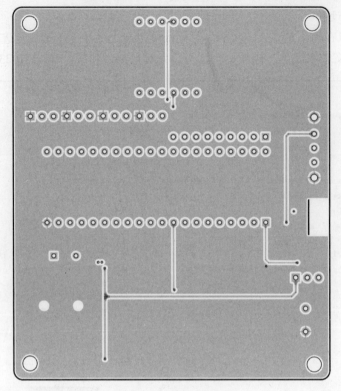

图 10-20 底层装配图

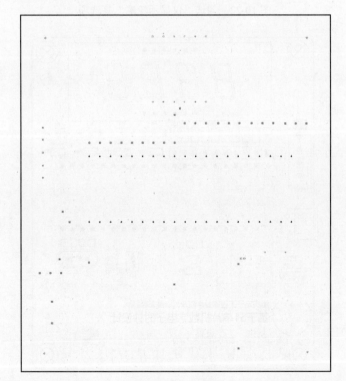

图 10-21 钻孔图

2. PDF 文件设置

根据需要可以在弹出的"导出文档"对话框中勾选"仅显示轮廓"复选项，如图 10-22 所示，导出的 PDF 文件中焊盘、导线、轮廓等图元都只显示轮廓，如图 10-23 所示。

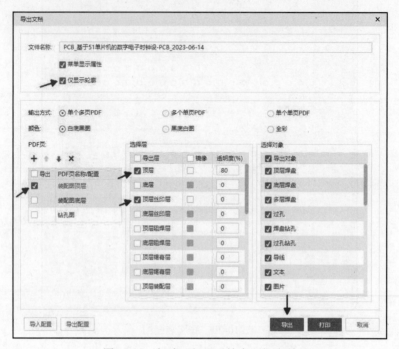

图 10-22　勾选"仅显示轮廓"复选项

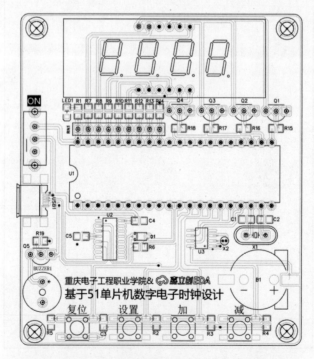

图 10-23　勾选"仅显示轮廓"复选项后导出的 PDF 文件

　　使用默认设置导出的 PDF 文档是白底黑图。如果将"导出文档"对话框中的"颜色"设置为"全彩",如图 10-24 所示,则可以导出彩色的 PDF 文档,如图 10-25 所示。

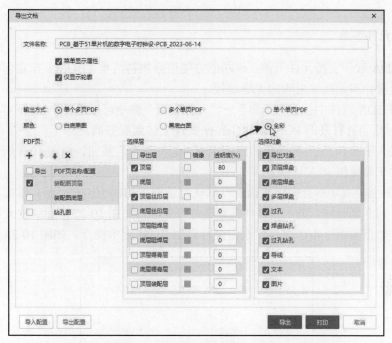

图 10-24　"颜色"设置为"全彩"

图 10-25　选中"全彩"单选项后导出的 PDF 文件

10.5 下　单

10.5.1　元件下单

嘉立创 EDA 软件支持元件下单，该功能方便根据物料清单（BOM）在立创商城中进行元件下单，实现设计和元器件采购的无缝衔接。

在嘉立创 EDA 软件中执行"下单"→"元件下单"命令可以进行 PCB 下单操作，嘉立创 EDA 软件会根据当前打开的 PCB 生成 Gerber 文件上传到服务器。

同时，在"导出 BOM"对话框的底部也有"元件下单"按钮，如图 10-3 所示，单击后也可以进行元件下单操作。

BOM 数据上传成功后会弹出"信息"确认对话框，如图 10-26 所示。单击"确定"按钮就会自动跳转到立创商城，进入"切换搜索条件"界面，如图 10-27 所示，检查购买的元件信息是否正确，如正确则单击"保存"按钮进行立创 BOM 配单操作，如图 10-28 所示。

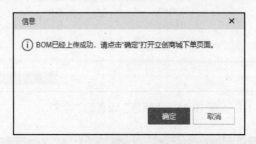

图 10-26　BOM 数据上传成功后的信息确认对话框

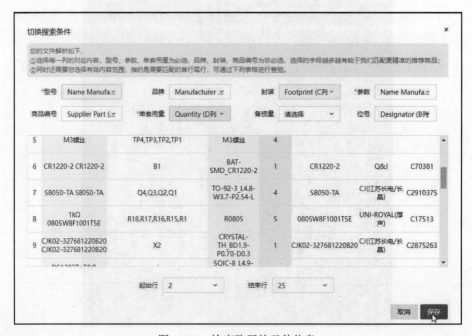

图 10-27　检查购买的元件信息

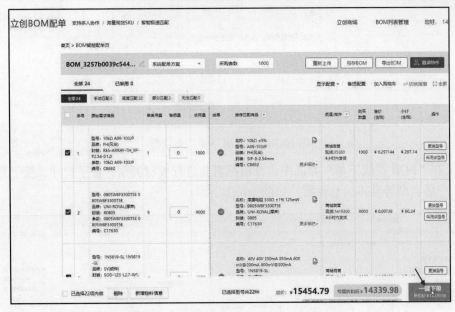

图 10-28　立创商城立创 BOM 配单操作界面

在立创 BOM 配单操作界面中完成相关选择后单击页面底部的"一键下单"按钮，完成相关支付流程即可完成元件下单。

10.5.2　PCB 下单

嘉立创 EDA 软件除了元件下单外，还支持 PCB 下单。该功能方便将绘制好的 PCB 文档直接下单给嘉立创进行加工生产，实现设计和制板的无缝衔接。

（1）在 PCB 编辑界面执行"下单"→"PCB 下单"命令，弹出"警告"对话框，提示是否先进行 DRC 检查，如果能确保 PCB 设计正确，则单击"否，继续导出"按钮，如图 10-29 所示。

图 10-29　警告信息

同时，在"导出 PCB 制板文件"对话框的底部也有"PCB 下单"按钮，如图 10-9 所示，单击后也可以进行 PCB 下单操作。

嘉立创 EDA 软件会根据当前打开的 PCB 生成 Gerber 文件上传到服务器，进行下单操作。

（2）上传成功后将弹出"PCB 下单"对话框，如图 10-30 所示，单击"确认"按钮可打开嘉立创的下单界面进行 PCB 在线下单。

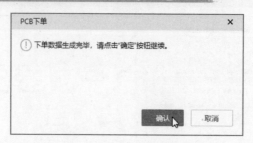

图 10-30　"PCB 下单"对话框

（3）在"PCB 在线下单"界面中，可根据需要进行板材类别、板子尺寸、板子数量、板子层数、产品类型等基本信息设置，如图 10-31 所示。

图 10-31　"PCB 在线下单"界面中的基本信息设置

（4）在"PCB 在线下单"界面中有一个"确认生产稿"重要选项，如图 10-32 所示。

图 10-32　"PCB 在线下单"界面中的"确认生产稿"重要选项

单击"为什么 官方推荐确认生产稿？"，进入如图 10-33 所示的界面。

（5）在"PCB 在线下单"界面中，还可以对拼板款数、出货方式、板子厚度、板材选项、外层铜厚、阻焊颜色、字符颜色、阻焊覆盖、焊盘喷镀、金（锡）手指斜边、线路测试等 PCB工艺信息进行设置，如图 10-34 所示。

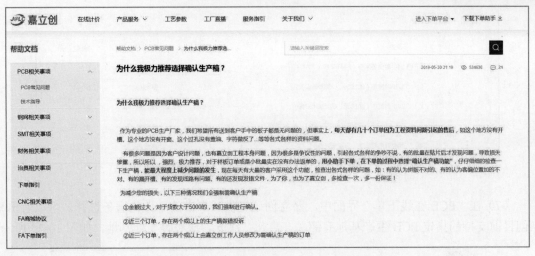

图 10-33　官方推荐确认生产稿的说明

图 10-34　"PCB 在线下单"界面中的 PCB 工艺信息设置

（6）在"PCB 在线下单"界面中，还可以选择交期。默认为"48 小时免费加急"，如图 10-35 所示。

图 10-35　"PCB 在线下单"界面中的选择交期设置

（7）在"PCB 在线下单"界面中，嘉立创还提供了丰富的个性化服务选择。可以看出嘉立创目前支持的指定 PCB 生产基地有韶关、惠州、江苏、珠海等 5 处基地，如图 10-36 所示。

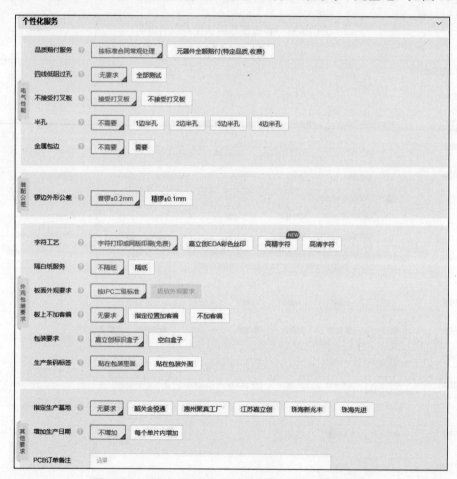

图 10-36　"PCB 在线下单"界面中的个性化服务设置

（8）针对 SMT 生产中的锡膏印刷和 SMT 贴片流程，在"PCB 在线下单"界面中，还可以进行是否开钢网和是否 SMT 贴片等选择，如图 10-37 所示。

（9）设置完成后单击"PCB 在线下单"界面右侧的"提交订单"按钮，完成相应支付流程后即完成了 PCB 下单，如图 10-38 所示。

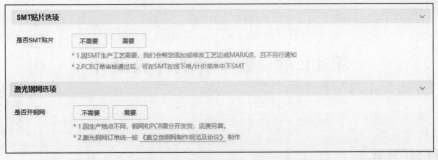

图 10-37　"PCB 在线下单"界面中的 SMT 贴片选项和激光钢网选项

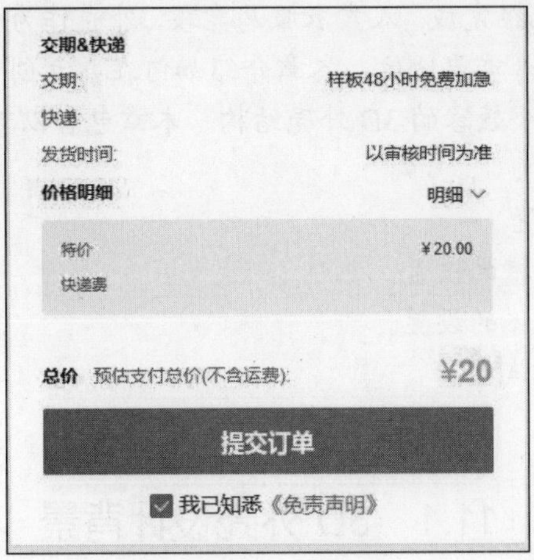

图 10-38　"PCB 在线下单"界面右侧的"提交订单"按钮

本 章 小 结

本章介绍了生产文件的导出与使用，包含物料清单（BOM）导出、Gerber 文件导出、坐标文件导出、PDF 文件导出、元件下单、PCB 下单等。使用嘉立创 EDA 软件能方便快捷地实现电子产品设计、元器件采购、制板和生产的无缝衔接。同时，建议实际应用时在生成 Gerber 等生产文件前多与供应商和制板厂沟通，确认生产稿，避免出错。

习 题 10

1. 导出基于 51 单片机的数字电子时钟设计项目的生产物料清单（BOM）。
2. 导出基于 51 单片机的数字电子时钟设计项目 PCB 图的 Gerber 文件。
3. 导出基于 51 单片机的数字电子时钟设计项目 PCB 图的坐标文件。
4. 尝试在立创商城进行 PCB 下单和元件下单。

第 11 章　数字钟的外壳设计

 任务描述

数字电子时钟的 PCB 已经完成。人靠衣服马靠鞍，外壳作为电子产品不可缺少的一部分，在产品设计过程中同样占据着重要地位。本章介绍如何在嘉立创 EDA 专业版中使用 3D 建模功能为数字电子时钟设计一个兼容的 3D 外壳结构。本章包含以下内容：

- 3D 外框形状的设计。
- 螺丝柱的放置与设置。
- 顶层/底层与侧面开槽的设置。
- 顶层/底层与侧面实体的设置。
- 3D 外壳文件的导出与生产。

11.1　3D 外壳设计背景

外壳设计是电子产品设计中的重要组成部分，随着 3D 打印技术的兴起，外壳生产的成本随之降低，裸露的电路板加上外壳就成为了一个小型产品。外壳设计软件有很多，常用的有 SolidWorks、Fusion 360、Blender 等，这些专业的建模软件可以设计精细的三维立体模型结构，但随之带来的是学习成本高、上手难等问题，而嘉立创 EDA 提供的 3D 外壳设计功能恰好解决了这个问题，将 PCB 外壳设计简单化，设计外壳时与 PCB 板框结合可以快速设计外壳，验证模型结构并通过 3D 打印制作出实物。数字钟外壳与安装渲染图如图 11-1 和图 11-2 所示。

图 11-1　数字钟外壳预览图

图 11-2　数字钟 3D 外壳安装渲染图

11.2　外壳边框设置

在嘉立创 EDA 专业版中进行外壳设计，可以分为以下几个步骤：外壳边框设置、螺丝孔放置、开槽、实体放置，其中开槽与实体放置两个步骤可根据实际需要进行设计。

1．"过滤"功能

在设计 3D 外壳时，为避免不小心操作到原有 PCB 电路，需要打开 PCB 编辑界面右侧的"过滤"功能，保留其中的板框、线条、3D 外壳以及"状态"属性里的选型，其余对象属性全部过滤掉，这样在操作的过程中就不会被选中而不小心影响到原有的电路，如图 11-3 所示。

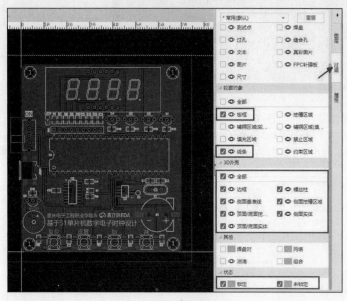

图 11-3　过滤参数设置

2．放置 3D 外壳-边框

在 PCB 编辑界面中执行"放置"→"3D 外壳-边框"→"矩形"命令，弹出"提示"对话框，提示"是否同时打开 3D 外壳预览窗口"，如图 11-4 所示，单击"稍后"按钮返回 PCB 编辑界面，单击数字钟 PCB 边框的左上角确定矩形的一个顶点，再单击数字钟边框的右下角确定矩形的另一个顶点，放置矩形边框，放置后可以调整矩形边框的大小，要精确调整边框的尺寸则单击右边的"属性"面板，如图 11-5 所示，起点 X：-1mm，起点 Y：81mm，宽：72mm，高：82mm。

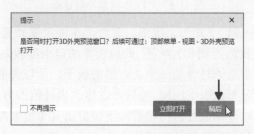

图 11-4　"提示"对话框

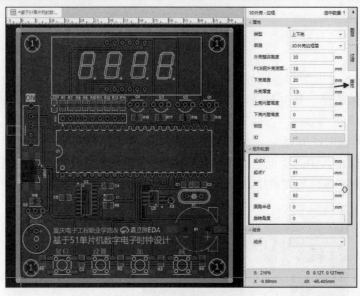

图 11-5　矩形边框设置

执行"导出"→"PCB 信息"命令，弹出"PCB 信息"对话框，如图 11-6 所示，PCB 板子尺寸为 70.001mm×80mm。为方便板子安装，放置板框时一般外壳尺寸超出板子 1mm 即可。

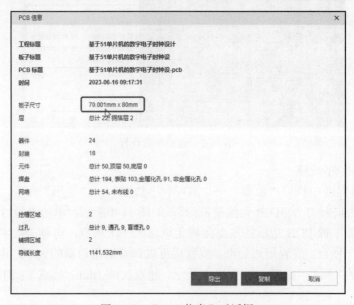

图 11-6　"PCB 信息"对话框

嘉立创 EDA 专业版中提供了矩形、圆形、多边形 3 种常规外壳尺寸，可以直接选择后在 PCB 界面中根据板子形状自由绘制 3D 外壳。此放置方法自由度较高，使用多边形边框可以绘制任意复杂模型结构。由于电子时钟是一个长方形的板子，所以外壳也可以设计为矩形形状。绘制时保持外壳边框均匀分布在板子四周，可以通过修改坐标值的方式让板子刚好放置在外壳中心。在边框属性中可以对边框进行自由设置，下面给出几个重要参数的设置。

- 类型：有上下壳和推盖两种外壳结构。

- 外壳整体高度：包含下壳和顶壳高度，实际高度需要结合 3D 预览效果图查看尺寸是否合适。
- PCB 距外壳底面高度：PCB 放置在底壳中距离底部高度，悬空后需要用螺丝柱或实体进行支撑。
- 下壳高度：底部壳子高度，顶壳高度为外壳整体高度减去下壳高度。
- 上壳/下壳内壁高度：指上壳向下凸出嵌入到下壳中的厚度，下壳向上凸起可嵌入到上壳的厚度，常用于固定上壳与下壳连接，此处为 0 则上下壳合并时水平对齐，不形成镶嵌结构。
- 圆角半径：指 3D 外壳边框四周的圆角，可通过设置圆角半径使边角圆滑。

在绘制 3D 边框时会有提醒生成 3D 边框预览窗口，如果选择的是"稍后"，没有生成 3D 边框预览窗口，可以执行"视图"→"3D 外壳预览"命令打开"3D 外壳预览"窗口，如图 11-7 所示，该窗口没有任何显示，单击预览工具条中的"适合全部"按钮，显示刚绘制的 3D 外壳，如图 11-8 所示。3D 外壳预览窗口会实时同步修改的模型情况。在 3D 实时预览窗口中还可以设置显示图层，在进行 3D 建模时可选择性地隐藏顶层外壳或底层外壳，便于观察 3D 模型结构绘制情况，如图 11-9 所示。

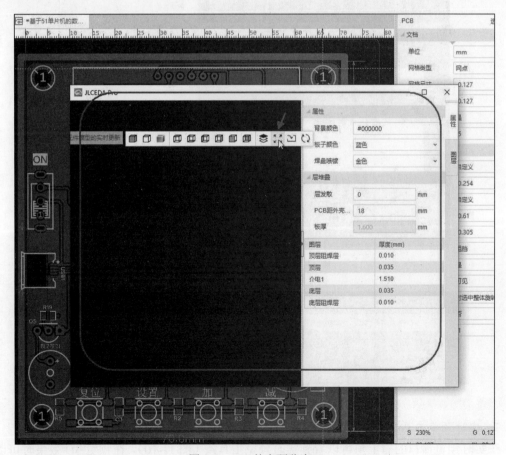

图 11-7　3D 外壳预览窗口

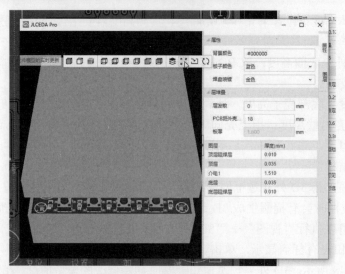

图 11-8　预览 3D 外壳

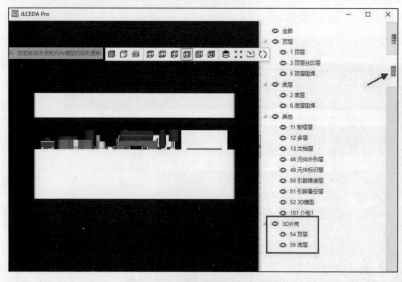

图 11-9　左视图预览窗口界面

图 11-10　实时预览工具条

3. 实时预览工具条

在实时预览窗口的右上角可以看到实时预览工具条（图 11-10），在预览 3D 效果时可以方便地查看不同视角的图像情况。

● 视图选项：有正常视图、轮廓视图、Gerber 视图 3 种看图模式。

- 视角选项：可以选择正视图、俯视图、左侧图、右侧图、前视图、后视图视角。
- 爆炸图▧：通过滑条 -——○——+ 可以拖动拉开上壳和下壳的间距，模拟组合效果。
- 适应全部▧：可保持最佳视图效果。
- 导入变更⟳：PCB 更新时预览效果自动更新，也可手动导入更新。
- 刷新⟳：刷新整个 3D 预览窗口视图。

4. 对 3D 显示画面的控制

- 缩放：鼠标滚轮。
- 平移、上下移：按住鼠标右键拖动。
- 旋转：按住鼠标左键拖动。

5. PCB 编辑窗口与 3D 外壳预览窗口同时显示

为了方便调整 3D 外壳的尺寸，需要将 PCB 编辑窗口与 3D 外壳预览窗口同时显示，选中 PCB 编辑窗口，按 Window+←（左键），PCB 编辑窗口排列到左边，选中 3D 外壳预览窗口，按 Window+→（右键），3D 外壳预览窗口自动排列到窗口右边，如图 11-11 所示。

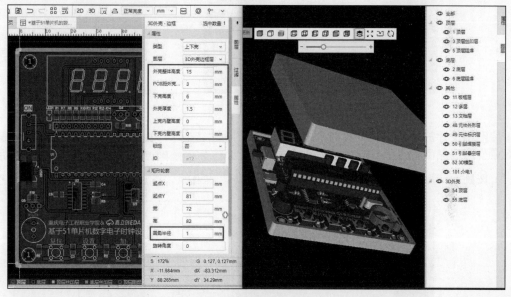

图 11-11　PCB 编辑窗口与 3D 外壳预览窗口同时显示

在 PCB 编辑窗口中选中 3D 外壳边框，在右边的"属性"面板中按以下尺寸调整外壳：72mm×82mm，将 PCB 板放置在边框中心位置。

外壳类型为"上下壳"，整体高度为 15mm，PCB 距外壳高度为 3mm，下壳高度为 6mm，外壳厚度为 1.5mm，上下壳内壁高度为 0，外壳圆角设置为 1mm。

在左边的编辑窗口中修改尺寸后，右边 3D 外壳预览窗口中同时显示更新了的外壳。

11.3　螺丝柱放置

螺丝柱在外壳设计中起着固定连接的作用，3D 外壳通过螺丝柱连接固定 PCB 与上下壳的结构。常用螺丝柱尺寸为 M2（2mm 直径）和 M3（3mm 直径）规格，在嘉立创 EDA 专业版中放置螺丝柱时可分别放在外壳顶层（上壳）和外壳底层（下壳）。

在数字钟 PCB 编辑界面中，激活顶层，执行"放置"→"3D 外壳-螺丝柱"命令，在 PCB 板上单击放置螺丝柱的位置，位置应与 PCB 板预留的定位孔位置重合，如图 11-12 所示，单击选择所放置的螺丝柱，在右侧的"属性"面板中可以查看螺丝柱的属性、加强筋设置、沉头孔设置。

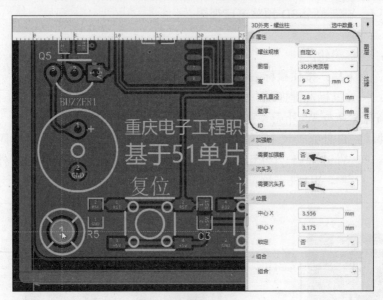

图 11-12　放置螺丝柱

按图中尺寸放置螺丝柱，放好 1 个后，复制、粘贴其他 3 个螺丝柱；在 3D 外壳预览窗口中的显示效果如图 11-13 所示，该显示效果在预览窗口的右侧图层中隐藏了其他层，只显示了顶层，按鼠标左键旋转视图的角度，更方便查看设计效果。

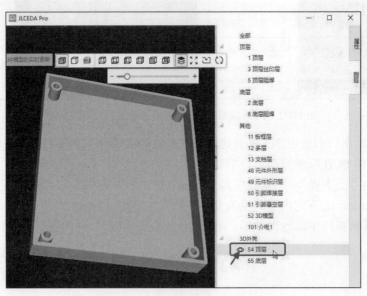

图 11-13　顶层放置了 4 个螺丝柱

11.3.1 螺丝柱属性

放置螺丝柱时，应根据 PCB 板预留安装孔位大小选择合适的螺丝柱尺寸，在"属性"面板中可供选择的螺丝规格有 M2、M3、M4、M5、M6 以及自定义螺丝柱尺寸，为适应 3D 打印后的螺丝柱安装，软件所提供的参考尺寸比实际尺寸偏小一点，比如 M3 螺丝柱的通孔直径为 2.8mm，而不是标准的 3mm，如果是使用 CNC 切割，那么尺寸应保持一致，可根据实际需求调整通孔尺寸大小。

螺丝柱放置时图层可选 3D 外壳顶层或 3D 外壳底层，对于外壳的上壳与下壳，设计时建议先设计一层的螺丝柱，放置一个后其他的螺丝柱可通过复制粘贴的方式完成放置，螺丝柱放置的位置应与 PCB 板预留的定位孔位置重合。属性中的"高"指的是螺丝柱整体高度，实际高度需要配合 3D 外壳厚度和 PCB 板结构适当调整，通孔直径与壁厚可使用软件提供的参考数据，避免打印失误。螺丝柱属性设置如图 11-14 所示。

图 11-14　螺丝柱属性设置

11.3.2 加强筋设置

设计工具还提供了加强筋的设置，在 3D 打印结构中常用 FDM 和 SLA 工艺成型，打印时都是一层层打印上去，如果没有一个好的支撑结构很容易造成结构件不稳的情况，为加固螺丝柱与外壳的连接，可以选择添加加强筋，以牢固连接螺丝柱与外壳结构。要添加加强筋在"属性"面板的"需要加强筋"栏选择"是"。图 11-15 中，左侧的螺丝柱为加上加强筋的效果，右侧螺丝柱则未做任何处理，加强筋的高度、厚度等参数也可根据实际需要进行修改设置。

图 11-15　螺丝柱加强筋效果预览图

11.3.3 沉头孔设置

沉头孔也是螺丝柱设置中的一个重要参数，它可以很好地解决螺丝安装的问题，可以理解为在 3D 外壳上挖一个孔，可以把螺丝刚好放进去安装，沉入外壳内部，所以叫沉头孔。沉头孔高度为内嵌到外壳的距离，直径为内嵌尺寸直径。

在 3D 外壳底层添加沉头孔，方法为：在 PCB 编辑界面中执行"放置"→"3D 外壳-螺丝柱"命令，鼠标再次单击 PCB 板上放置螺丝柱的位置，位置应与 PCB 板预留的定位孔位置重合，如图 11-16 所示，单击选择所放置的螺丝柱，在右侧的"属性"面板中设置图层在 3D 外壳的底层，"需要沉头孔"栏选择"是"，沉头孔的规格如下：

- 螺丝规格：M3。
- 图层：3D 外壳底层。
- 高：2.8mm。
- 通孔直径：3.2mm。
- 壁厚：1.2mm。
- 需要加强筋：否。
- 沉头孔：是，高度 1.6mm，直径 5.8mm。

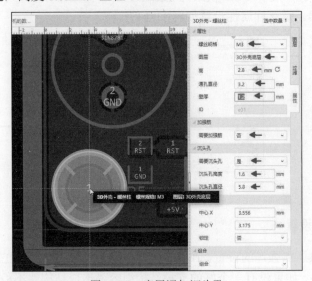

图 11-16　底层添加沉头孔

选中放置好的沉头孔进行复制，其余 3 个沉头孔粘贴即可。沉头孔预览效果如图 11-17 所示。

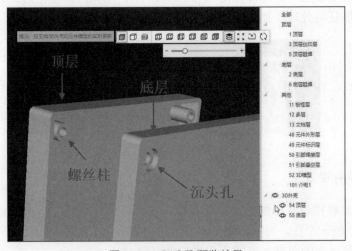

图 11-17　沉头孔预览效果

11.4 挖槽区域

在电子产品设计过程中经常涉及各类连接器件，在 PCB 布局时要求连接器放置在板子边缘以方便安装与测试，在 3D 外壳设计过程中根据 PCB 的结构进行开槽操作是非常重要的。本节来学习挖槽区域的放置，包括侧面挖槽区域的放置和顶层/底层挖槽区域的放置。

11.4.1 侧面挖槽

侧面指的是 3D 外壳的四周，包括上下壳的前后左右 4 个面，在进行侧面挖槽时需要先在所需挖槽面放置一根基准线，执行"放置"→"3D 外壳-侧面基准线"命令，在所需挖槽侧面放置基准线，在基准线放置过程中可以按住 Shift 键，这样拉出基准线时可保持基准线的水平或竖直，每个面放置一个基准线即可，不需要挖槽的面无须放置基准线。

基准线放置后，开始进行侧面挖槽操作，执行"放置"→"3D 外壳-侧面挖槽区域"→"矩形"命令，选择基准线，鼠标左击预先放置好的基准线后开始在基准线外侧绘制开槽形状，同时 3D 预览视图会同步挖槽效果，如图 11-18 所示；在 PCB 编辑界面中调整挖槽区域的尺寸，3D 预览视图同步显示调整的结果；若要精确调整挖槽区域的尺寸，在 PCB 编辑界面中选中挖槽区域，在"属性"面板中调整尺寸，还可以在"属性"面板中为矩形倒一个圆角，设置圆角半径为 1mm。

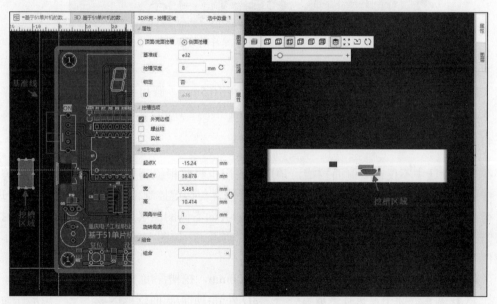

图 11-18　挖槽区域与挖槽区域实时预览图

在实时预览图中可以将爆炸图展开或折叠来查看开槽区域是否合适，将爆炸图展开的效果如图 11-19 所示；调整挖槽区域时可通过键盘上的方向键移动挖槽位置，也可以直接使用鼠标拖动挖槽的大小与位置，选中挖槽区域后可在右侧挖槽属性的对齐中进行调整设置，下面给出几个重要参数。

- 挖槽深度：指的是从边框外侧向内挖槽的深度，深度长一些可直接贯穿两侧边框。

- 挖槽选项：可选位置处挖槽的物体，挖槽方向上的物体都会被挖空，可以尝试在有螺丝柱的位置挖个槽看看效果。
- 矩形轮廓：在这里可以准确设置挖槽的形状和大小参数，如果想有一个圆滑点的边角可通过设置圆角半径得到。

图 11-19　爆炸图展开的效果

侧边挖槽参考尺寸如下：

（1）USB 侧边挖槽区域大小：宽 5.5mm，高 10.5mm，圆角半径 1mm。

（2）开关挖槽尺寸：宽 6mm，高 14mm，圆角半径 1mm。

11.4.2　顶层/底层挖槽

在外壳设计中不仅需要侧面挖槽，顶层和底层也经常根据需要放置挖槽区域，如屏幕区域、按键控制区域等。在数字钟项目中，数码管位置与按键控制位置都需要进行开槽处理。

在放置顶面和底面挖槽前首先打开 PCB 编辑界面右侧的图层属性，若要先放置顶面挖槽，则右侧图层属性需要选择"3D 外壳"分类中的"顶层"，如图 11-20 所示。图 11-21 所示为顶部挖槽效果示意图。

（1）数码管显示挖槽区域：宽 51mm，高 20mm，挖槽深度 5mm（挖穿）。

在 PCB 编辑界面中，执行"放置"→"3D 外壳-顶面/底面挖槽区域"→"矩形"命令，单击数码管的左上角确定挖槽的一个点，再单击数码管的右下角确定挖槽的另一个点，按鼠标右键退出挖槽模式；选中挖槽的矩形框，调整挖槽的尺寸，如图 11-22 所示。

（2）按键挖槽区域：半径 3.25mm，挖槽深度 5mm（挖穿）；执行"放置"→"3D 外壳-顶面/底面挖槽区域"→"圆形"命令，单击圆心确定挖槽的一个点，再单击半径确定挖槽的另一个点，按鼠标右键退出挖槽模式；选中挖槽的圆形框，调整挖槽的尺寸。

图 11-20　图层属性设置界面

图 11-21　电子钟顶部挖槽效果示意图

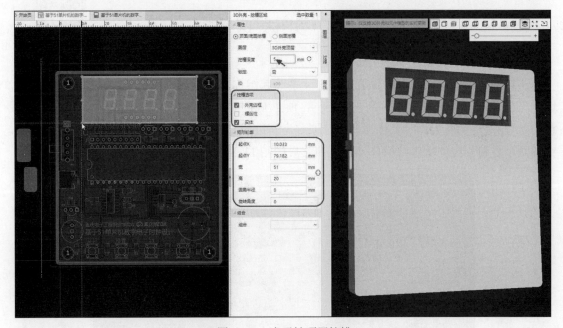

图 11-22　电子钟顶层挖槽

（3）蜂鸣器发声位置任意放置多个 0.7mm 的圆形小孔。

（4）放置一个与 PCB 大小一致的顶部挖槽区域，挖槽深度为 1mm。

在进行顶层或底层挖槽时还可以对挖槽深度进行设置，由于外壳整体厚度默认是 1.5mm，可以在顶层挖一个 1mm 的槽孔，那么上壳顶部就出现一个内嵌的区域预留用于面板设计，如图 11-23 所示。

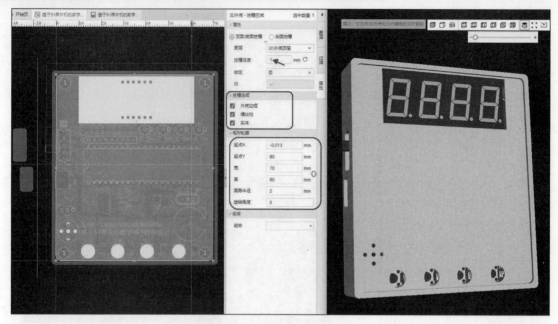

图 11-23　设计完成的机壳

11.5　实 体 区 域

　　实体区域指的是在原有的外壳上添加一些凸起结构，设计时也很简单，与挖槽功能类似，选择"放置"→"侧面实体"或"3D 外壳-顶面/底面实体"中所需的形状进行绘制。需要注意的是，在绘制侧面实体时一样需要先选取参考基准线，仿真后实体可以选择拉伸长度为负数，实现两个方向的拉伸实体结构，外壳拉伸效果如图 11-24 所示。

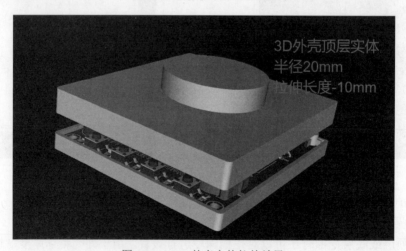

图 11-24　3D 外壳实体拉伸效果

11.6 3D 文件的导出与生产

完成 3D 外壳设计后下一步需要进行生产文件的导出与生产，这里的生产文件指的是 3D 打印所需的 STL 格式文件，如果还需要进行下一步处理则可以导出 STEP 格式文件。在 PCB 编辑界面中执行"导出"→"3D 外壳文件"命令，弹出"导出 3D 外壳文件"对话框，如图 11-25 所示。

- STL 格式：将模型转为由多个三角形面片的定义组成，是经常用于 3D 打印的文件格式。
- STEP 格式：兼容.stp 格式，是应用于计算机辅助设计行业的数据交换格式，各种 CAD 软件都可以支持该文件格式。
- OBJ 格式：同样也是一种 3D 文件格式，兼容多种 CAD 软件，但其文件内容不带材质特性和贴片路径等信息。

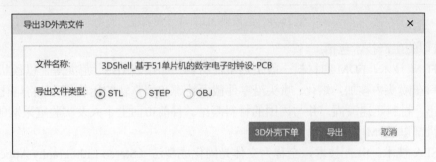

图 11-25 "导出 3D 外壳文件"对话框

选择 STL 格式，单击"导出"按钮，弹出"导出"对话框，如图 11-26 所示，选择正确的路径，单击"保存"按钮，即可将设计好的外壳文件导出。

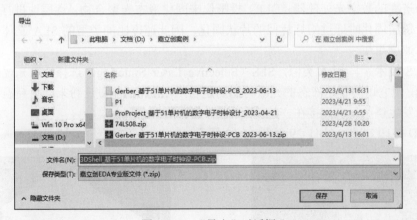

图 11-26 "导出"对话框

嘉立创 EDA（专业版）软件提供了 3D 外壳下单功能，不用进行文件导出，在 PCB 编辑界面，直接执行"下单"→"3D 外壳下单"命令，系统会自动生成下单数据，弹出"3D 外壳下单"对话框，如图 11-27 所示，单击"确认"按钮，即可跳转到三维猴 3D 打印下单平台（www.sanweihou.com）进行外壳的打印，三维猴下单打印流程如图 11-28 所示。

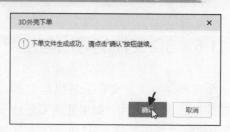

图 11-27 "3D 外壳下单"对话框

图 11-28 三维猴 3D 打印下单流程

3D 打印的生产技术包括：

- FDM 技术。FDM 的材料一般是热塑性材料，如蜡、ABS、尼龙等，以丝状供料。材料在喷头内被加热熔化，喷头沿零件截面轮廓和填充轨迹运动，同时将熔化的材料挤出，材料迅速凝固，并与周围的材料凝结。目前市面上个人及实验室采购的 3D 打印机都以 FDM 为主。

- SLA 技术。SLA 技术，全称为立体光固化成型法（Stereo Lithography Appearance），是用激光聚焦到光固化材料表面，使之由点到线、由线到面顺序凝固，周而复始，这样层层叠加构成一个三维实体。

- DLP 技术。DLP 激光成型技术和 SLA 立体平版印刷技术比较相似，不过它是使用高分辨率的数字光处理器（DLP）投影仪来固化液态光聚合物，逐层地进行光固化，由于每层固化时通过幻灯片似的片状固化，因此速度比同类型的 SLA 立体平版印刷技术速度更快。

- SLS 技术。与 SLA 类似，SLS（Selective Laser Sintering，选择性激光烧结）使用激光，但它用的不是液态的光敏树脂而是粉末，激光的能量让粉末产生高温和相邻的粉末发生烧结反应连接在一起。

常见 3D 打印效果如图 11-29 至图 11-32 所示。

图 11-29 8001——透明树脂材质

图 11-30 8111X——光敏树脂

图 11-31　PA12——HP 工业尼龙

图 11-32　PAC——HP 彩色尼龙

3D 文件上传到三维猴下单系统后即可选择所需的打印参数进行生产打印，当遇到多个文件时还可以进行批量编辑操作，节约下单时间，打印参数选择及报价界面如图 11-33 和图 11-34 所示。

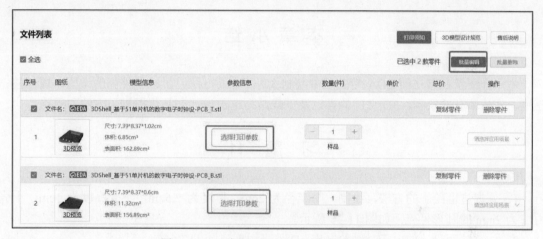

图 11-33　三维猴 3D 打印下单参数选择界面

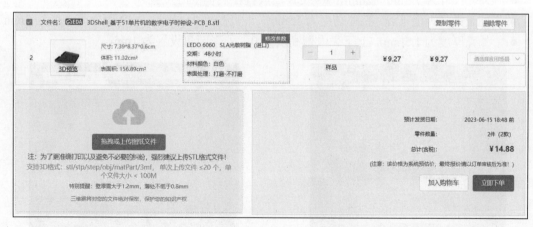

图 11-34　参数选择与报价界面

单击"立即下单"按钮，等待工作人员对生产文件进行审核，审核通过后即可进行付款生产。生产都会存在生产工艺限制与要求，在进行生产前还需要对厂家的工艺参数和加工文件的规范要求进行了解，这些说明可以在三维猴官网找到。

三维猴各类材料孔径的公差说明如下：

- 树脂：±0.3mm，树脂孔一般会收缩在 0.3mm 以内。
- 尼龙：±0.3mm，尼龙孔打印出来误差在±0.1～0.2mm，受摆放位置和冷却的影响，孔综合公差一般也会收缩在 0.3mm 以内。
- 工程塑料：±0.4mm，ABS 一般孔会收缩 0.2～0.4mm。
- 金属：±0.2～±0.35mm，金属 1mm 以上的孔实际打印出来会小 0.2mm，1mm 以下的孔实际打印出来会小 0.35mm，0.8mm 以下的孔加 0.35mm 就能打印出来实际值的，比如零件上有 0.8mm 的孔修改成 1.15mm 打印出来就是 0.8mm。

注意：①通常孔都是收缩变小的，变大的情况较少；②金属件，如果对孔的公差要求较高，建议在源文件中孔径设置增大 0.15～0.2mm（1mm 以上的孔）、0.25～0.35mm（1mm 以下的孔）。

本 章 小 结

本章介绍了在嘉立创 EDA 专业版中绘制 3D 外壳的方法，了解了外壳的设置，螺丝柱、挖槽、实体填充的绘制，3D 文件的导出及下载，为电子设计产品化提供了方法和思路。

习 题 11

1. 掌握边框绘制的方法，绘制一个半径为 2cm，厚度为 2.5cm，下壳高度为 1cm，上壳内壁为 2mm 的圆形外壳，如图 11-35 所示。
2. 结合前面设计的电子时钟绘制出 3D 外壳边框（图 11-36）：

- 外壳尺寸为 72mm×82mm，将 PCB 板放置在边框中心位置。
- 外壳类型为上下壳，整体高度为 15mm，下壳高度为 6mm，PCB 距外壳高度为 3mm。
- 外壳厚度为 1.5mm，上下壳内壁高度为 0，外壳圆角设置为 1mm。

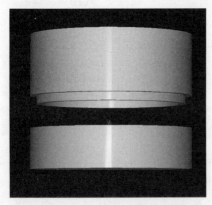

图 11-35 绘制圆形外壳

图 11-36 电子时钟的 3D 外壳边框

3．完成数字钟上壳 4 个螺丝柱的放置，螺丝柱参数设置如下：

- 螺丝规格：M3。
- 图层：3D 外壳顶层。
- 高：10.2mm。
- 通孔直径：2.8mm。
- 壁厚：1.2mm。
- 加强筋：否。
- 沉头孔：否。

4．完成数字钟下壳 4 个螺丝柱的放置，螺丝柱参数设置如下：

- 螺丝规格：M3。
- 图层：3D 外壳底层。
- 高：2.8mm。
- 通孔直径：3.2mm。
- 壁厚：1.2mm。
- 加强筋：否。
- 沉头孔：是，高度 1.6mm，直径 5.8mm。

5．完成数字钟的顶层挖槽操作（图 11-37）：

- 数码管显示挖槽区域：宽 51.5mm，高 20mm，挖槽深度 5mm（挖穿）。
- 按键挖槽区域：半径 3.25mm，挖槽深度 5mm（挖穿）。
- 蜂鸣器发声位置任意放置多个 0.7mm 的圆形小孔。
- 放置一个与 PCB 大小一致的顶部挖槽区域，挖槽深度为 1mm。

图 11-37　数字钟 3D 预览图

第 12 章　嘉立创 EDA（专业版）面板设计

任务描述

本章以图 12-1 所示为例，讲解如何使用嘉立创 EDA（专业版）创建面板工程，完成面板设计和生产。主要知识点如下：

● 面板介绍。

● 面板绘制。

● 面板下单。

图 12-1　实物图

面板功能介绍

12.1　面板介绍

设计完成整体 PCB 后，为了使作品更加美观且实用，我们经常会加一些面板来作为装饰，如外壳面板、触摸面板等。在日常生活中电子产品中最常见的面板为亚克力面板和 PVC 薄膜面板两种。

（1）亚克力面板。亚克力又称特殊处理的有机玻璃，亚克力面板是基于亚克力原材料，通过印刷添加颜色、图案、文字、标识指示等信息，后期再进行钻孔、外形切割工艺制作得到的满足设计要求的面板，既可用于设备装饰外观，也能做透光遮光、防水防尘的用途，广泛应用于仪器仪表零件（做面板和视窗），特点是耐性好、不易破损、修复性强、透光率高、清晰美观、色彩鲜艳，同时其符合环保要求，对人体没有辐射等危害。

（2）PVC 薄膜面板。薄膜面板使用 PVC、PC、PET 等原材料，通过印刷添加颜色、图案、文字、标识指示等信息，后期再进行钻孔、外形切割工艺制作得到的具有一定功能的操作面板，既可用于设备装饰外观，也能做透光遮光、防水防尘的用途，常用于家用电器、通信设备、仪器仪表、工业控制等领域。

12.2　创建工程

打开嘉立创 EDA（专业版）客户端，在客户端首页的"快速开始"栏中选择"新建工程"，输入面板文件名称，单击"保存"按钮创建工程，如图 12-2 所示。

如果已经创建好工程则无须再次创建，可直接执行"文件"→"新建"→"面板"命令完成面板创建，如图 12-3 所示。

图 12-2　创建面板工程

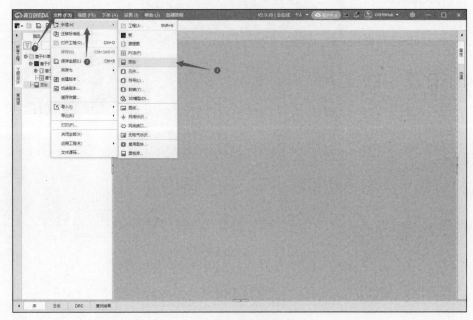

图 12-3　创建面板

创建完成后可在软件的左侧面板中找到面板的工程文件，如图 12-4 所示。双击打开编辑界面，如图 12-5 所示。

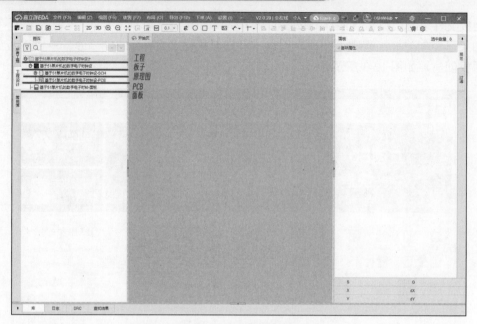

图 12-4　面板工程界面

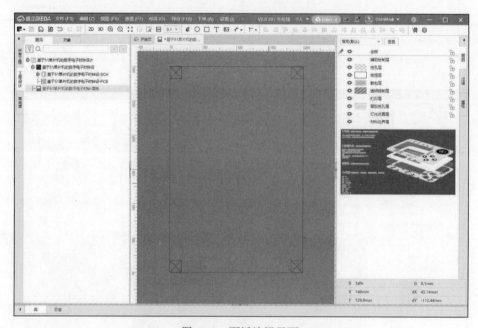

图 12-5　面板编辑界面

12.3　面板编辑界面介绍

顶部菜单栏：设计过程中最常用的界面，包含了整个编辑器界面的所有功能集合。

左侧面板：工程目录，创建完成的工程都能通过左侧面板进行管理。

底部面板：官方提供的一些开源面板元件，在设计时可直接调用。

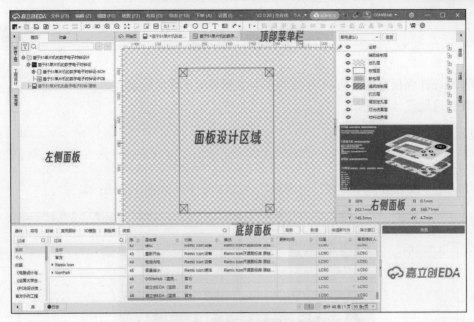

图 12-6　面板编辑器窗口说明

　　右侧面板：又称属性面板，包括整个面板图层属性、面板元件属性、图纸属性等，在设计中使用非常频繁，所以该区域功能会较多。

　　面板设计区域：默认是一张纵向 200mm×300mm 的设计图纸，这也是材料的打印面积，在设计面板时不要超出这个区域，如需修改为其他尺寸的图纸，可以在右侧面板"图页"中修改宽和高，如图 12-7 所示。设计区域边上的 4 个小矩形区域用于生产机器定位，在设计时不要占用，如图 12-8 所示。

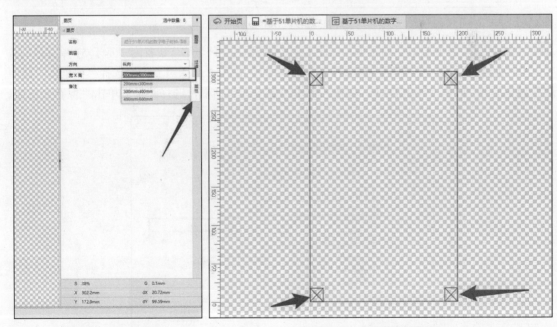

图 12-7　图纸修改　　　　　　　　图 12-8　设计区域定位点

12.4　面 板 绘 制

在开始设计面板前需要从 PCB 或外壳中拿到外形文件的数据，那样才能方便快速地设计面板。

12.4.1　导出/导入 DXF

1. 导出 DXF

（1）回到 PCB 界面中，执行"导出"→DXF 命令，如图 12-9 所示。

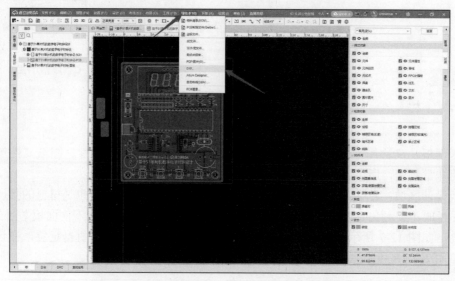

图 12-9　导出 DXF

（2）弹出"导出 DXF"对话框，如图 12-10 所示，"文件名称"设置为"基于 51 单片机的数字电子时钟设计"，在"选择层"栏选择"顶层丝印层"，在"选择对象"栏选择"板框"，"透明度"设置为 0，单击"导出 DXF"按钮，弹出"导出"对话框，选择路径后单击"保存"按钮。

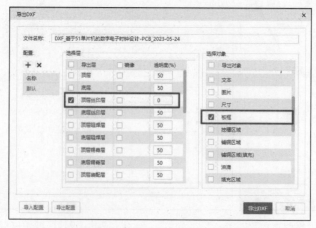

图 12-10　"导出 DXF"对话框

2. 导入 DXF

（1）在面板编辑界面中，将刚导出的 DXF 文件导入到面板中，方法为执行"文件"→"导入"→DXF 命令，如图 12-11 所示。

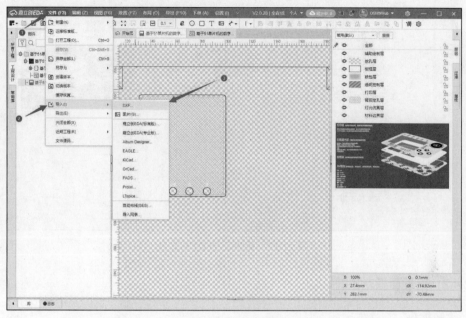

图 12-11　导入 DXF

（2）弹出"导入 DXF"对话框，如图 12-12 所示，无须设置任何配置，直接单击"导入"按钮。

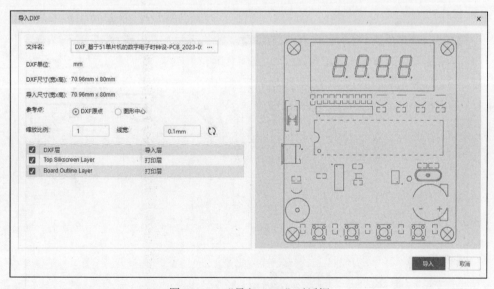

图 12-12　"导入 DXF"对话框

鼠标光标会变成一个大十字光标，十字光标的矩形框就是 DXF 文件的大小预览，需要单击鼠标左键才能放置在画布上，确定好的效果如图 12-13 所示。

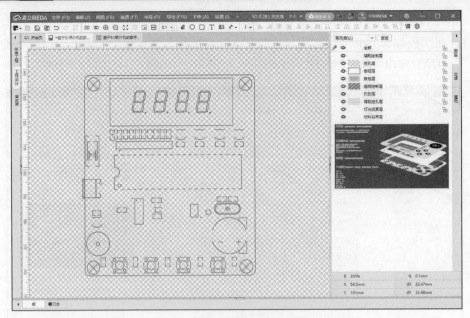

图 12-13　导入后的 DXF 文件

12.4.2　整理面板对象

1. 绘制板框

板框的大小决定了生产出来的面板面积，在导入的 DXF 中已经带有板框的数据，所以只需将板框转换到板框层即可，无须重新绘制，如图 12-14 所示。转换后需要进行板框层锁定，避免后续设计时误操作，方法是在右侧面板"图层"中选择"板框层"，再单击图层旁边的小锁，如图 12-15 所示。

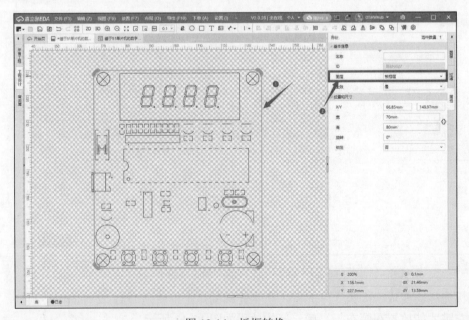

图 12-14　板框转换

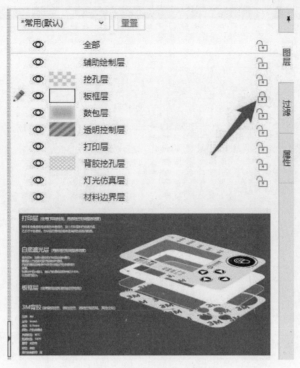

图 12-15 "图层" 面板

"图层" 面板说明如下：

- 挖孔层：用于面板中的挖孔，如螺丝孔、开槽等。
- 打印层：用来打印油墨的图层，无绘制默认不打印，只是原材料本色。在打印层绘制的图形默认带有白底遮盖，常规遮光，如果想调透明度则需要通过透明控制层来实现。
- 鼓包层：用于制作需要面板带按键图层，仅限于薄膜面板工艺使用。
- 透明控制层：用于控制绘制的图形、文字、图片的打印透明度。
- 背胶挖孔层：对有背胶的面板挖孔，将不需要背胶的区域进行挖孔，没有挖的区域将保留背胶。
- 灯光仿真层：用于面板对灯光透明度的仿真，模拟真实灯光效果，该仿真仅在 3D 预览下生效。
- 材料边界层：表示画布内最大的设计面积，如超出该区域绘制的内容将无法打印。

这一步已经算是完成一半了，确定完成板框后剩下就是对面板进行开槽，避免面板对 PCB 板的接口、按键、显示屏等不兼容。

2. 图形整理

为了保证 PCB/3D 外壳板能正确无误地放入面板，需要对面板部分区域进行开槽挖孔处理。首先把导入的 DXF 图形中多余的部分删除，保留外壳边框、按键、蜂鸣器等图形。鼠标框选图形（由于在之前操作的时候把板框层锁定了，现在框选的时候不会选中板框层），按 Delete 键或者右击并选择 "删除"，如图 12-16 所示，删除到只剩下图 12-17 中的内容即可。

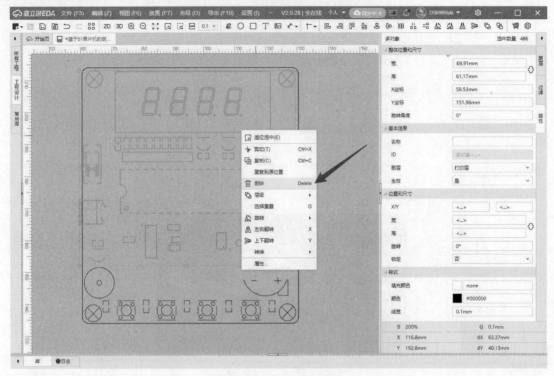

图 12-16　删除图形

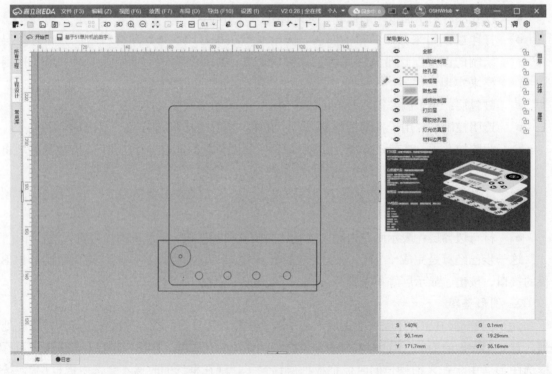

图 12-17　保留的图形

3. 按键开槽

选中板框内的 4 个圆，在右侧面板"属性"的"图层"栏选择"挖孔层"，"宽"和"高"均改为 6mm，在"名称"栏输入"按键挖槽"，如图 12-18 所示。

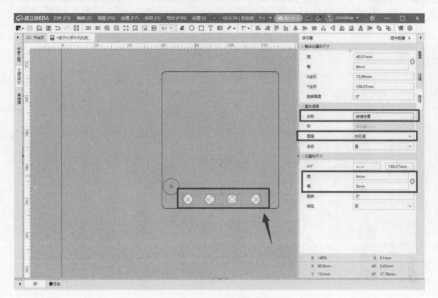

图 12-18　按键挖槽

4. 蜂鸣器挖槽

为了使蜂鸣器在整体外壳装配时还能保证声音响亮，需要在外壳上开几个孔，保证蜂鸣器的声音能够从外壳内透出。

选中蜂鸣器中间的小圆，在右侧"属性"面板中将小圆的"图层"修改为"挖孔层"，"名称"改为"蜂鸣器挖槽"，如图 12-19 所示。

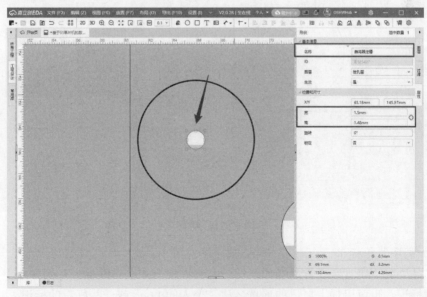

图 12-19　蜂鸣器挖槽

修改完成后再次单击蜂鸣器的小圆，右击并选择"复制"或者按 Ctrl+C 组合键进行复制，如图 12-20 所示，然后将复制好的圆形粘贴到图 12-21 中。

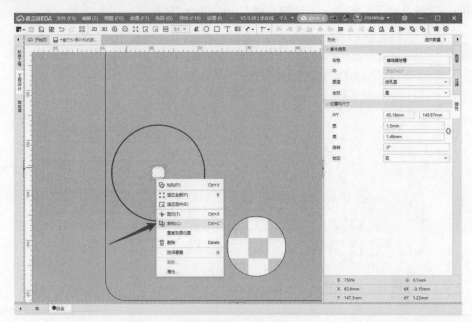

图 12-20　复制圆

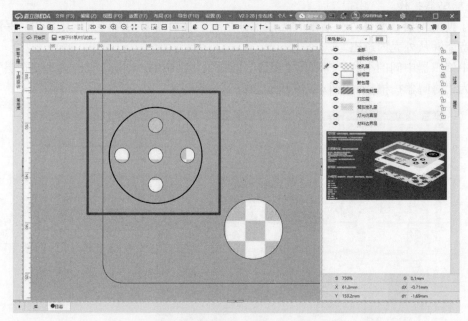

图 12-21　粘贴

5. 添加文字打印标识

为了作品外壳更美观和更容易操作，一般会在面板上加上一些标识，例如加上按键说明、蜂鸣器位置标识，也可以加上自己的项目名称、个人的 Logo 或一些好看的标识。

在右侧面板"图层"中切换到"打印层"，然后执行"放置"→"文本"命令，如图 12-22 所示。在弹出对话框的"文本"栏内输入要标识的文字，修改好对应的字体大小和颜色，这个可以根据个人喜好定义，如图 12-23 所示。单击"放置"按钮，并将其摆放到对应的按键挖槽位置，如图 12-24 所示。

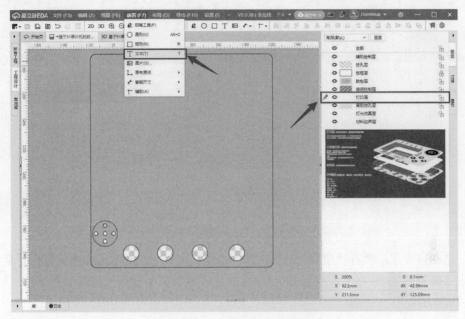

图 12-22　放置文本命令操作

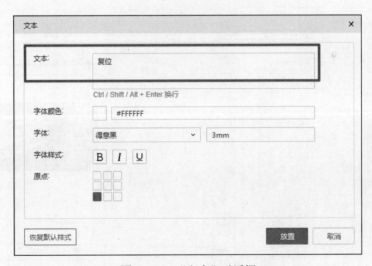

图 12-23　"文本"对话框

6. 添加图片打印标识

图片与文字的添加方式基本相同，唯一不同的是图片需要提前准备好。嘉立创 EDA（专业版）面板支持的图片格式有 JFIF、Pjpeg、Jpeg、JPG、PNG、WEBP、SVG、GIF。

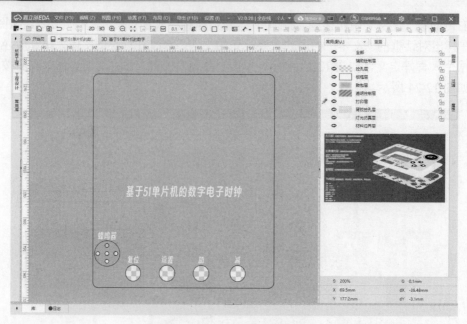

图 12-24　文本摆放效果

依旧是在打印层，执行"放置"→"图片"命令，如图 12-25 所示。选择好图片后将尺寸修改为自己需要的大小，单击"放置"按钮，将图片放置到需要放置的位置上后单击鼠标左键，如图 12-26 所示。

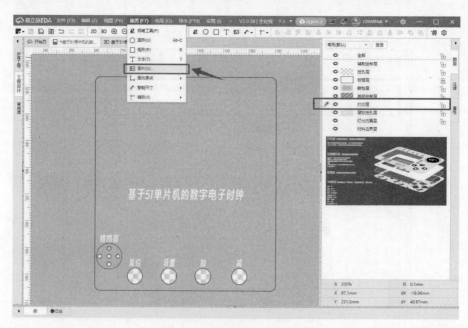

图 12-25　放置图片命令操作

嘉立创 EDA 面板编辑器内置了部分开源图标，可以从底部面板"库"→"面板库"中放置，如图 12-27 所示。

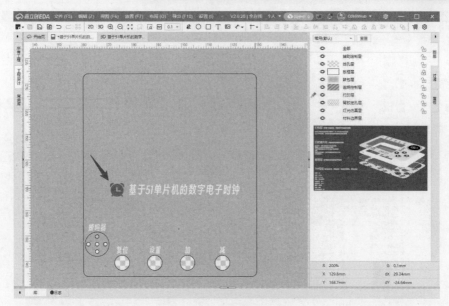

图 12-26　图片放置效果

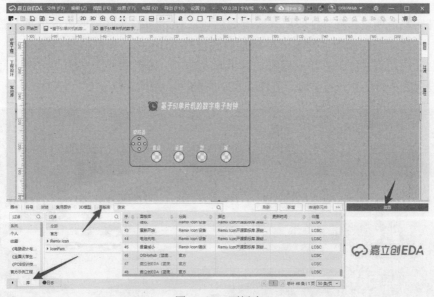

图 12-27　面板库

7. 图片、文字透明度调节

不同透明度的图片和文字的显示效果是不一样的，透明度越高图片和文字在灯光下显得更亮，透明度越低显示效果越不明显。若有这样的需求，则可在面板编辑器中对图片和文字进行透明度调节。

框选需要调节透明度的文字或图片，右击并选择"重复到原位置"，把重复多出来的一个文字图层调整到透明控制层，如图 12-28 所示。选中透明控制层的文字，在右侧面板"属性"→"透明度（打印层、白底）"中调节透明度。

说明： 图片透明度调节目前仅支持 SVG 格式的矢量图，其他格式暂不支持。

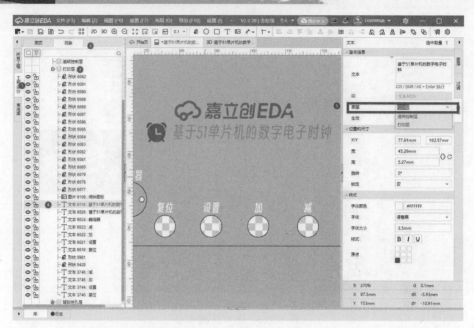

图 12-28　透明控制层切换

- 打印层透明度：调节打印层透明度属性可以使表面的文字透明度降低或提高，但会有一层浅白色的遮罩，建议调整时把白底设置为100%，显示效果会更好。
- 白底透明度：位于打印层底部，用于遮光控制，如果需要文字透明，建议将这个图层设置为100%透明，详情查看图 12-29 中的图层说明。

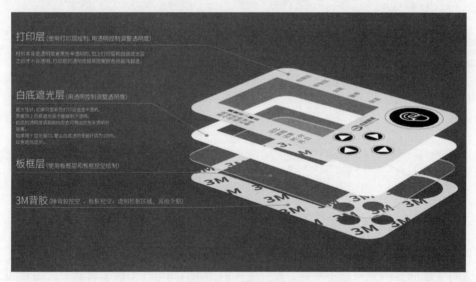

图 12-29　图层说明

12.4.3　2D/3D 预览

制作完成后的面板可以单击 2D 或 3D 预览查看，方法为执行"视图"→"2D/3D 预览"命令，如图 12-30 所示。

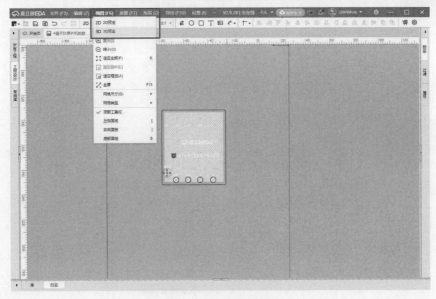

图 12-30　2D/3D 预览

12.5　面板下单制作

12.5.1　一键下单

执行"导出"→"面板制造文件"命令，如图 12-31 所示。如果使用的是全在线版本，可以单击"面板下单"按钮，如图 12-32 所示。随后会跳转到嘉立创面板下单界面，选择打印参数即可进行下单制作，无须导出下单文件。

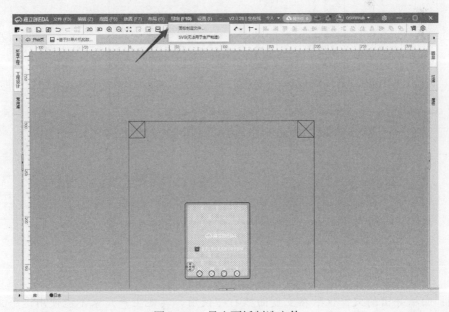

图 12-31　导出面板制造文件

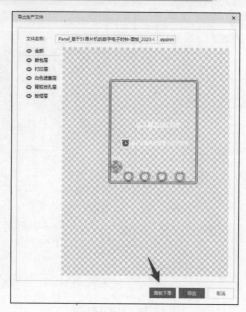

图 12-32　面板下单

12.5.2　导出文件下单

　　如果使用的是嘉立创 EDA（专业版）客户端半离线模式和全离线模式，则需要单独导出下单文件进行下单制作。在"导出生产文件"对话框中单击"导出"按钮，如图 12-33 所示，即可导出面板下单文件（epanm）。

面板导出与生产

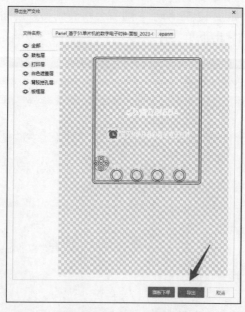

图 12-33　导出下单文件

　　说明：面板导出的文件仅限在立创面板打印使用，其他生产厂家不能使用这个文件进行面板打印生产。

导出后打开立创面板打印官网跟进项目，需要选择下列工艺信息：

- 定制材料：黑色半透明亚克力。
- 打印方式：底面。
- 材料厚度：1mm。
- 材料尺寸：200mm×300mm。
- 定制数量：保持默认。
- 3MM 背胶：需要背胶。
- 遮光强度：常规。

注意：该工艺信息仅适合本章使用，其他项目请根据需要填写。

选择完制作工艺信息后单击"上传"按钮上传文件，最后单击"下单"按钮即完成了面板的制作。

本 章 小 结

本章介绍了如何使用嘉立创 EDA 进行面板绘制，包括面板介绍、工程创建、导出/导入 DXF、绘制板框、添加打印文字、一键下单等。

习 题 12

用嘉立创 EDA 面板编辑器绘制一个手机支架，如图 12-34 所示。

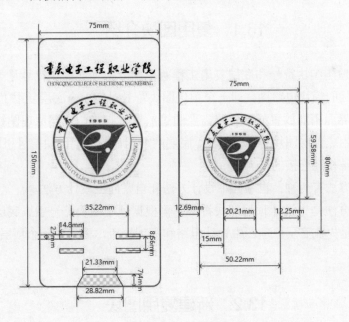

图 12-34　绘制手机支架

第 13 章 复用图块（层次原理图设计）

任务描述

常规原理图设计是将整个原理图绘制在一张原理图纸上，这种设计方法对小规模、简单的电路图较为适合。当设计大规模、复杂的电路图时，整个原理图绘制在一张图纸上就会使图纸尺寸变得很大，内容紧凑，可读性差，不利于电路的分析。

嘉立创 EDA（专业版）支持复用图块（层次原理图设计）功能，此时可以采用复用图块（层次原理图设计）来简化电路，使电路的各个功能部分更加清晰，增强电路图的可读性。

本章将以 51 单片机开发板电路为例来介绍嘉立创 EDA（专业版）的复用图块功能与设计方法。涵盖以下主题：

- 51 单片机开发板电路的复用图块（层次原理图设计）。
- 51 单片机开发板电路的 PCB 设计。

13.1 复用图块介绍

什么是复用图块

复用图块分为顶层图块符号和底层复用工程两个部分。顶层图块符号是类型流程图，而底层复用工程是实际的模块电路图，即一个顶层图块符号对应一个底层复用工程。

顶层图块符号界面不能放置元器件，需要通过放置引脚来与底层原理图相连接，底层原理图通过网络端口生成顶层图块符号的引脚。底层网络端口与顶层图块符号引脚相对应，且必须同名，在电气上是相互连接的。

复用图块设计方法有两种：自顶向下设计方法和自底向上设计方法。

自顶向下设计方法是先设计顶层图块符号，再根据顶层图块符号生成底层原理图端口。自底向上设计方法是先在底层原理图中设计电路和规划端口，再生成一个顶层图块符号。

13.2 新建复用图块

新建复用图块

执行"文件"→"新建"→"复用图块"命令（图 13-1），弹出"新建复用图块"对话框（图 13-2），填写复用图块的名称、分类、描述等信息，单击"保存"按钮完成创建（图 13-3）。

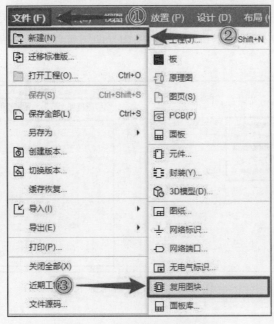

图 13-1　新建复用图块操作

图 13-2　"新建复用图块"对话框

图 13-3　新建复用图块信息

复用图块保存创建完成后，系统会自动生成一个复用工程，底层原理图与顶层图块符号相互关联，如图 13-4 所示。在复用工程的原理图界面中进行底层原理图绘制，使用顶层图块进行复用。

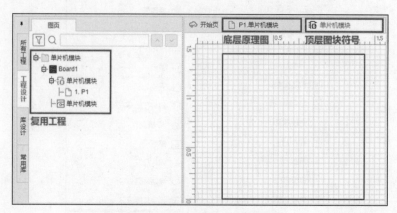

图 13-4　复用工程与图块符号

13.3　51 单片机开发板的复用图块（层次原理图设计）

以 51 单片机开发板为例（图 13-5）介绍使用嘉立创（专业版）进行复用图块设计的方法。注意，电路不是特别复杂，不使用复用图块也可以完成 PCB 板的设计。

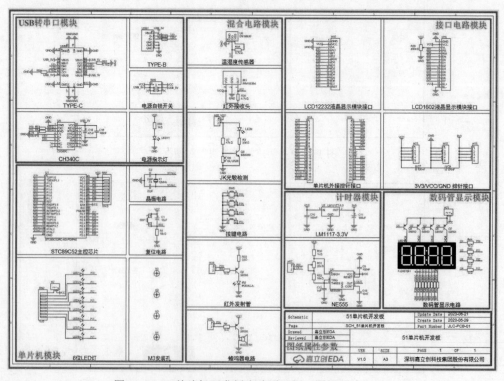

图 13-5　51 单片机开发板电路原理图（图纸尺寸 A3）

从功能上可以将 51 单片机开发板电路板分为单片机模块、混合电路模块、计时器模块、接口模块、数码管显示模块和 USB 转串口模块六部分。下面使用复用图块来设计实现 51 单片机开发板电路图的绘制。

13.3.1　自顶向下的复用图块设计

1. 新建工程

执行"文件"→"新建"→"工程"命令（图 13-6），弹出"新建工程"对话框，填写工程名称等信息，单击"保存"按钮完成创建（图 13-7），工程列表详情如图 13-8 所示。

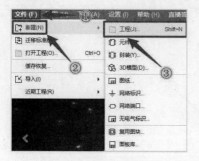

图 13-6　新建工程操作　　　　　　　　　　图 13-7　"新建工程"对话框

图 13-8　工程列表

在 51 单片机开发板工程下的原理图界面中使用复用图块设计，类似系统框图的形式进行绘制。将 Schematic1 命名修改为"系统框图"，P1 图页修改为 SCH_Block Diagram，PCB1 修改为"51 单片机开发板"，如图 13-9 所示。

图 13-9　修改工程列表信息

2. 工程绘制

在 SCH_Block Diagram 图页中绘制单片机模块、混合电路模块、计时器模块、接口电路模块、数码管显示模块和 USB 转串口模块六部分的复用图块。

执行"放置"→"复用图块"命令（图 13-10），绘制一个大的方块图，单击鼠标左键会弹出"新建复用图块"对话框（图 13-11），在其中填写复用图块的名称、描述等信息，单击"保存"按钮完成复用图块的新建与放置，如图 13-12 所示。

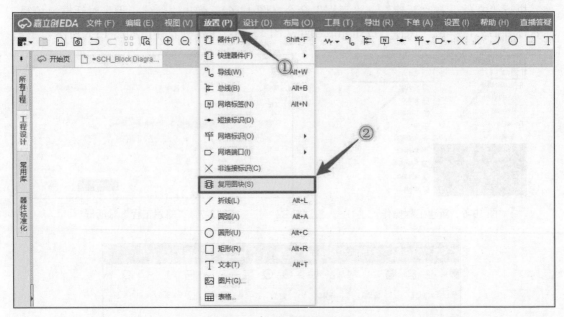

图 13-10　放置复用图块

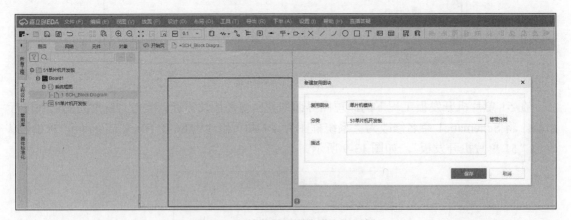

图 13-11　放置复用图块弹出对话框

这种方法创建的复用图块只存在于当前工程库中，而上面单击文件创建的复用图块存在于个人库中，在不同的工程中需要复用时可在底部菜单栏中选择放置，如图 13-13 所示。

选中单片机模块，右击并选择"展开"会自动跳转到单片机模块的底层原理图界面中，在此图页绘制实际的单片机模块电路。单击编辑图块符号会自动跳转到顶层图块符号编辑界面中，在其中可以修改图块的形状样式，与元器件的符号编辑界面相似，不能放置元器件，只能放置引脚，如图 13-14 所示。单片机模块底层原理图界面如图 13-15 所示，顶层图块符号编辑界面如图 13-16 所示。

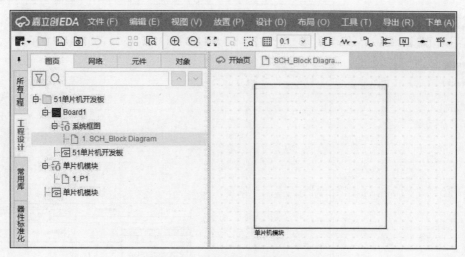

图 13-12 单片机模块复用图块

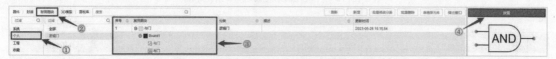

图 13-13 使用底部菜单栏放置复用图块

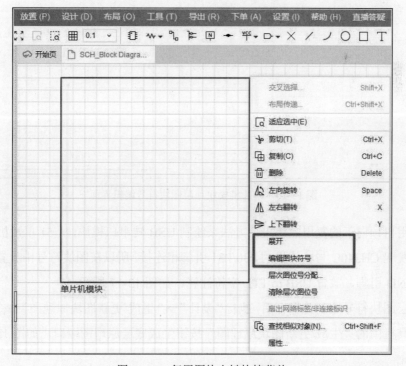

图 13-14 复用图块右键快捷菜单

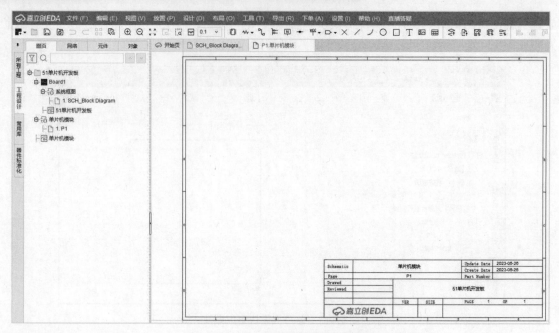

图 13-15　单片机模块底层原理图界面

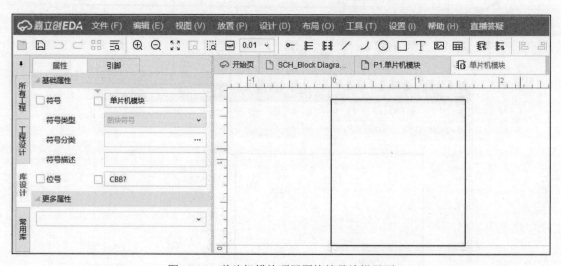

图 13-16　单片机模块顶层图块符号编辑界面

这里使用自顶向下的复用图块设计方法来绘制 USB 转串口模块，从 51 单片机开发板电路原理图可以发现 CH340C 与单片机的 P30/P31 引脚相连接，所以在图块符号中放置 P30/P31 引脚和 VCC/GND 引脚，放置 USB to TTL 字符注释，如图 13-17 所示。

完成顶层图块符号绘制并保存后，执行"设计"→"生成/更新图块原理图"命令（图 13-18）或者单击工具栏中的"生成/更新图块原理图"按钮生成底层原理图端口，如图 13-19 所示。

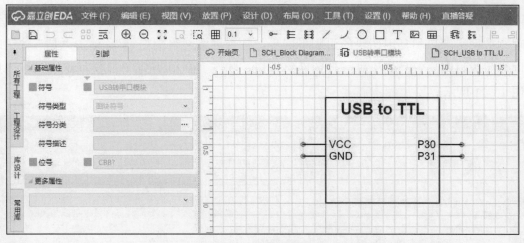

图 13-17 USB 转串口模块顶层图块符号绘制

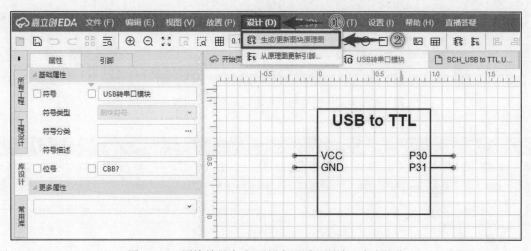

图 13-18 图块符号生成/更新底层原理图端口命令操作

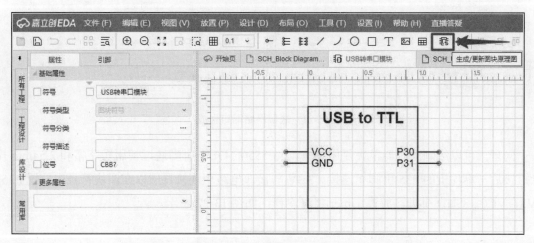

图 13-19 图块符号生成/更新底层原理图端口工具栏操作

单击"生成/更新图块原理图"后会自动跳转到底层原理图界面并弹出提示"检测到原理图的网络端口和复用图块的引脚不同步，是否更新网络端口？"，单击"是"按钮即可同步生成与图块符号的引脚一致的网络端口，如图 13-20 所示。底层网络端口生成后如图 13-21 所示。

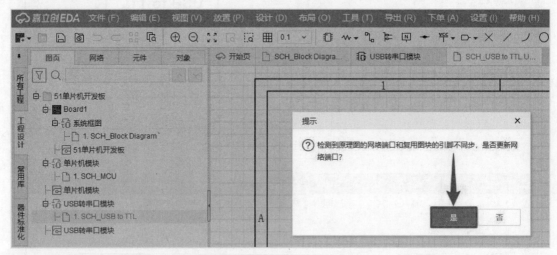

图 13-20　底层原理图网络端口和顶层图块符号引脚是否同步弹窗

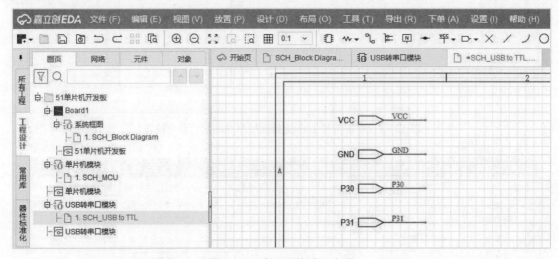

图 13-21　底层网络端口生成

同理，可以绘制计时器模块复用图块，NE555 的 OUT 引脚通过使用短路帽和 2.54mm 排针短接后与单片机的 P35 引脚相连接。3.3V 与接口电路相连接，所以在图块符号中放置 P35、3V3、VCC、GND 引脚，放置 Timer 字符注释，如图 13-22 所示。

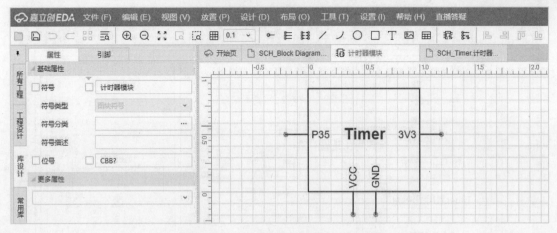

图 13-22 计时器模块顶层图块符号绘制

根据 51 单片机开发板电路原理图，将 TYPE-C、TYPE-B、电源自锁开关、电源指示灯和 CH340C 部分绘制到 USB 转串口模块底层原理图中，完成 USB 转串口模块复用图块的绘制，如图 13-23 所示。将 NE555 与 LM1117-3.3 部分绘制到计时器电路模块底层原理图中，完成计时器模块复用图块的绘制，如图 13-24 所示。

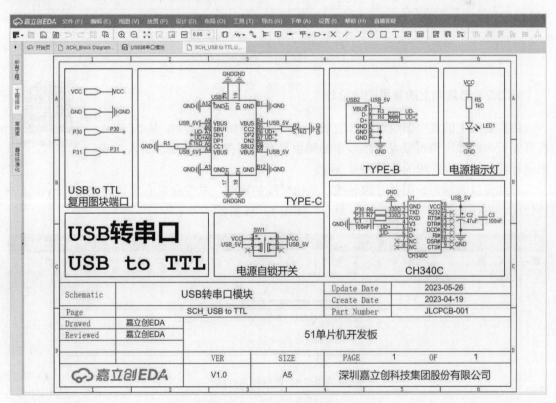

图 13-23 USB 转串口模块底层原理图

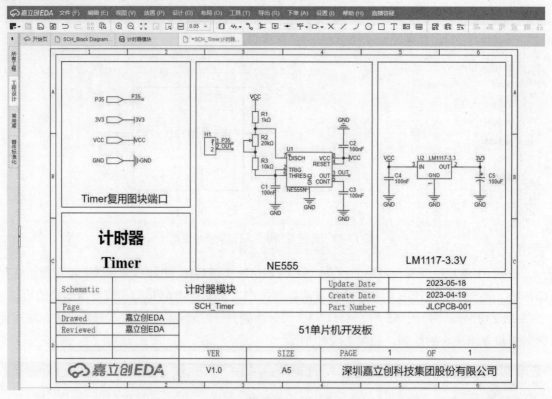

图 13-24　计时器模块底层原理图

13.3.2　自底向上的复用图块设计

用自底向上的复用图块设计方法来演示接口电路模块的绘制，从 51 单片机开发板电路原理图可以发现接口电路模块里有多组并行的导线，引入总线来进行绘制，减少连线的数量和复杂度。

元器件搜索与放置

总线可以表示为一组并行的导线，是信号线的集合，总线命名必须符合 NET[x:y]规范才能使用。执行"放置"→"总线"命令，如图 13-25 所示。

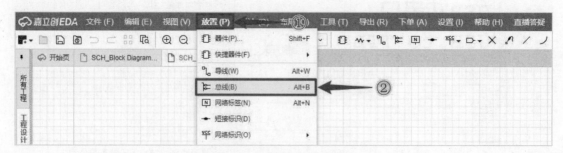

图 13-25　放置总线命令操作

或者在工具栏中单击"总线"图标（图 13-26）进行绘制放置总线，如图 13-27 所示，导线与总线连接端出现一个 Bus Entry（总线入口符号）时代表成功连接上总线，成为总线分支，通过总线拉出的导线的顺序是按照总线命名的名称来排序放置的,拉出导线名称超过 y 时会重新从 x 开始排序，如图 13-28 所示。通过总线连接出的网络端口命名必须与总线命名保持一致，如图 13-29 所示。

图 13-26　放置总线工具栏操作

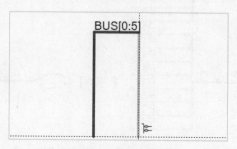

图 13-27　绘制放置总线

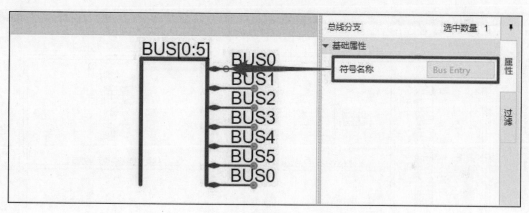

图 13-28　总线内容介绍

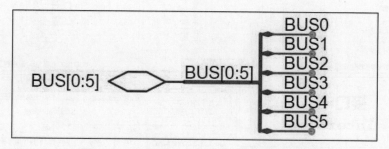

图 13-29　网络端口与总线命名需要保持一致

　　将单片机外接排针接口 3V3、VCC、GND，LCD1602 和 LCD12232 液晶显示模块接口绘制到接口电路复用图块的底层原理图中，将 P00～P07、P10～P17、P20～P27、P30～P37 引脚通过总线的形式用网络端口引出，3V3、VCC、GND 也使用端口引出，如图 13-30 所示，接口电路模块底层原理图绘制完成后如图 13-31 所示。执行"设计"→"生成/更新图块符号"

命令（图 13-32）或者在工具栏中单击"生成/更新图块符号"图标（图 13-33），对应生成顶层图块符号引脚，放置 Interface 字符注释，如图 13-34 所示。

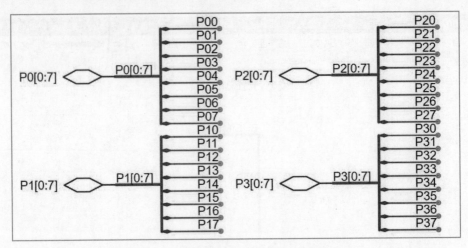

图 13-30　引脚通过总线的形式用网络端口引出

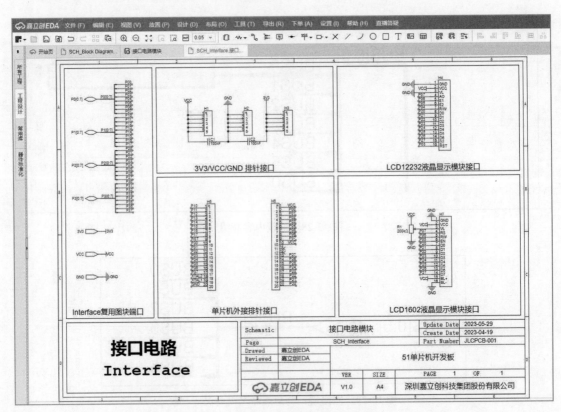

图 13-31　接口电路模块底层原理图

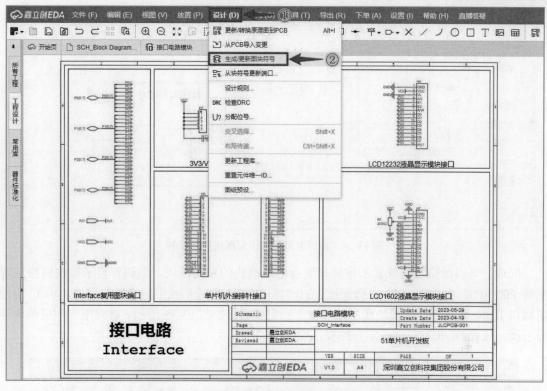

图 13-32 底层原理图生成更新图块符号引脚命令操作

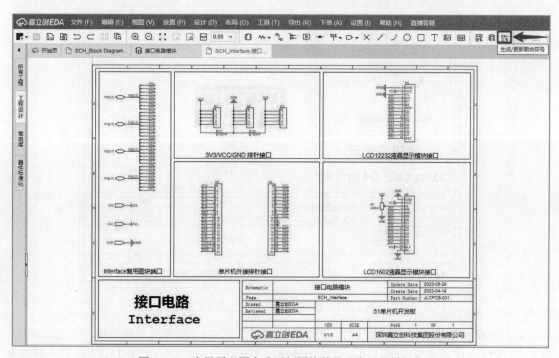

图 13-33 底层原理图生成更新图块符号引脚工具栏操作

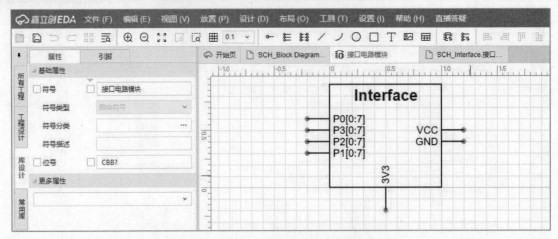

图 13-34　接口电路模块顶层图块符号绘制

同理，可以绘制数码管显示模块和混合电路模块的复用图块。数码管显示模块底层原理图将 P00～P07 和 P20～P23 引脚通过 P0[0:7]和 P2[0:3]总线形式用网络端口引出，VCC 也使用端口引出，数码管显示模块底层原理图绘制完成后，如图 13-35 所示。对应生成顶层图块符号引脚，放置 Digital Display 字符注释，如图 13-36 所示。

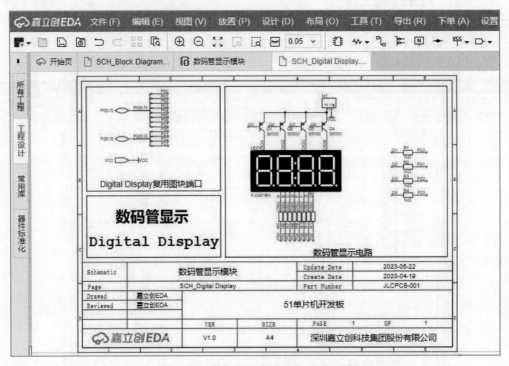

图 13-35　数码管显示模块底层原理图

混合电路模块底层原理图将 P32～P37 引脚通过 P3[2:7]总线形式用网络端口引出，P10、VCC、GND 也使用端口引出，混合电路模块底层原理图绘制完成后如图 13-37 所示。对应生成顶层图块符号引脚，放置 Hybrid Circuit 字符注释，如图 13-38 所示。

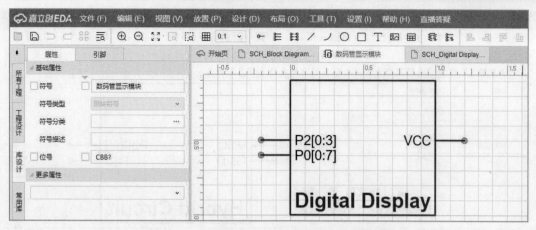

图 13-36　数码管显示电路模块顶层图块符号绘制

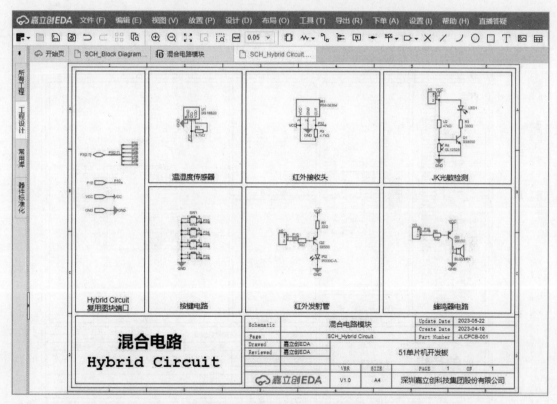

图 13-37　混合电路模块底层原理图

　　完成了外围模块设计后，就到了单片机模块复用图块的设计阶段，根据 51 单片机开发板电路原理图，将 STC89C52 主控芯片、复位电路、晶振电路等部分绘制在单片机模块复用电路的底层原理图中，将 P00～P07、P10～P17、P20～P27、P30～P37、P20～P23、P32～P37引脚通过 P0[0:7]、P1[0:7]、P2[0:7]、P3[0:7]、P2[0:3]、P3[2:7]总线形式用网络端口引出，P10、P30、P31、P35、VCC 和 GND 也使用端口引出，单片机模块底层原理图绘制完成后如图 13-39所示。对应生成顶层图块符号引脚，放置 MCU 字符注释，如图 13-40 所示。

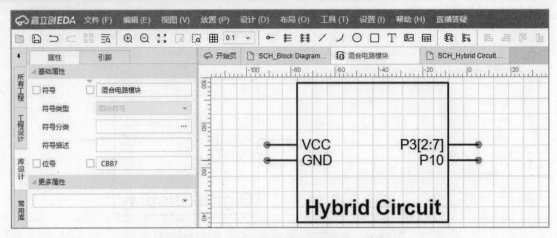

图 13-38　混合电路模块顶层图块符号绘制

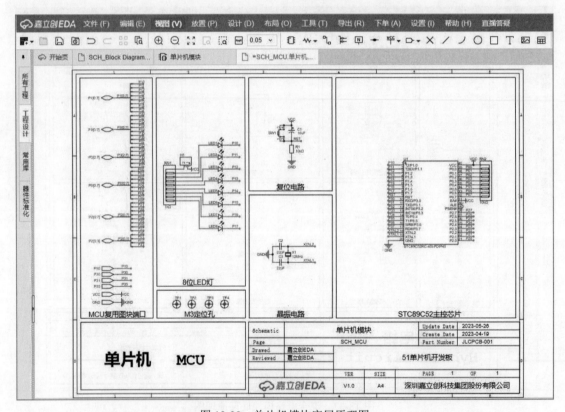

图 13-39　单片机模块底层原理图

这里使用自顶向下的复用图块设计方法完成了 USB 转串口模块和计时器模块的绘制，使用自底向上的复用图块设计方法完成了接口电路模块、数码管显示电路模块、混合电路模块和单片机模块的绘制。

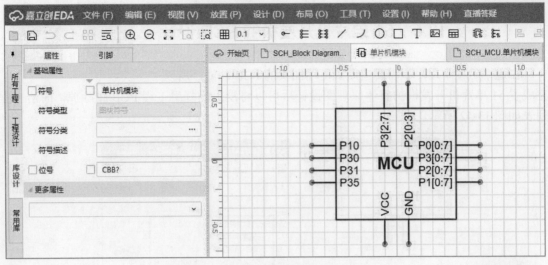

图 13-40　单片机模块顶层图块符号绘制

电路图连接与绘制

13.4　系 统 框 图

完成各个模块电路的设计后，就到了顶层原理图的绘制阶段，放置各个模块电路复用图块，进行连线绘制，复用图块的总线引脚需要采用总线进行连接，如图 13-41 所示。

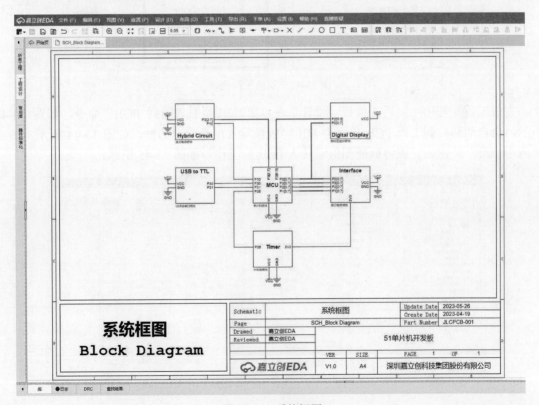

图 13-41　系统框图

13.5　51 单片机开发板的 PCB 设计

元器件布局　　PCB 布线

在这个工程中用户不需要使用到复用图块的 PCB 功能，所以完成了 51 单片机开发板的整体原理图设计后可以将没用的复用工程 PCB 删除掉，简洁工程列表如图 13-42 所示。

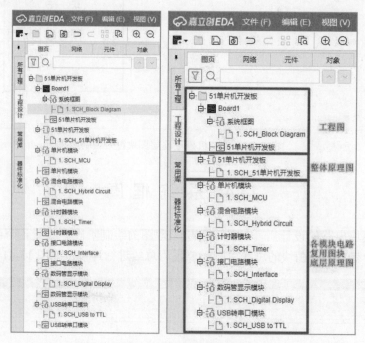

图 13-42　简洁工程列表

完成工程原理图绘制后，执行"设计"→"更新/转换原理图到 PCB"命令，如图 13-43 所示，会自动跳转到工程 PCB 界面并弹出"确认导入信息"对话框，如图 13-44 所示，单击"应用修改"按钮，完成将原理图信息转入 PCB 的工作，如图 13-45 所示。

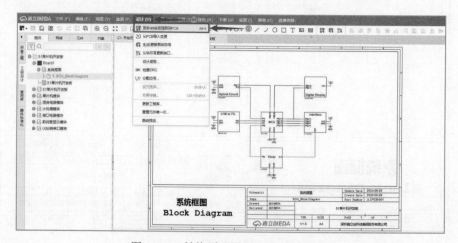

图 13-43　转换原理图到 PCB 命令操作

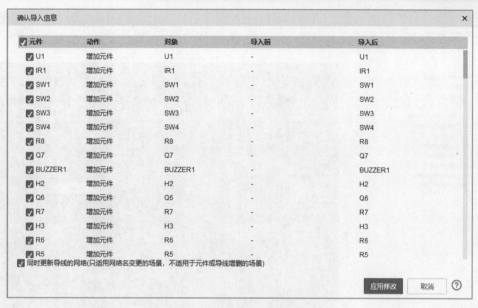

图 13-44 "确认导入信息"对话框

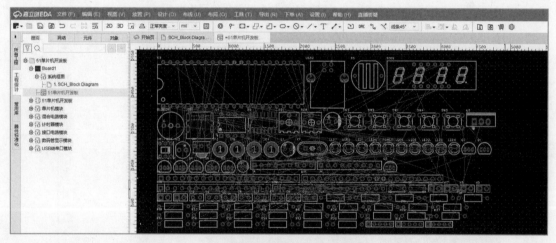

图 13-45 元器件 PCB 导入图

绘制一个 100mm×100mm 的矩形板框，按 Tab 键可切换输入框的值，按 Enter 键确定，生成板框，如图 13-46 所示。板四周为直角很容易扎伤人，这里选中板框，在右侧"属性"面板中为板框添加 5mm 半径的圆角，如图 13-47 所示。

绘制完板框后，开始进行器件的布局。这里 4 个 M3 大小的安装定位孔摆放在板边四周，USB 放置在板左下侧边缘，电源开关紧挨 USB 放置，单片机摆放在右边中部，数码管摆放在板右上方边缘，按键排列在单片机下方靠板边缘位置，各外接排针接口靠板边放置，如图 13-48 所示。

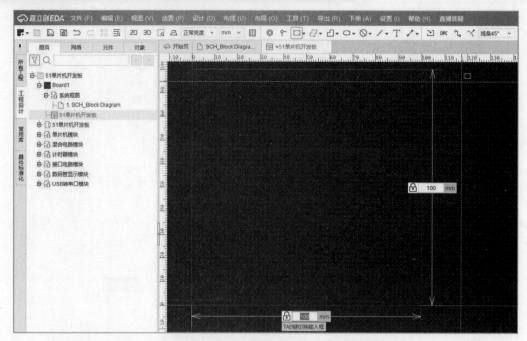

图 13-46　绘制 51 单片机开发板外形板框

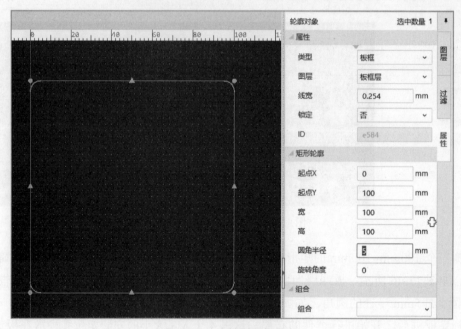

图 13-47　为板框添加圆角

完成器件布局后进行 PCB 的布线，这里电源线宽设置为 25mil，普通信号线宽设置为 15mil。在走线时优先走直线，需要拐角的地方尽量用钝角或圆弧，尽量避免出现锐角和直角，以免产生辐射干扰。单击"布线"菜单（显示出布线功能列表，如图 13-49 所示）或工具栏中的"单路布线"按钮（图 13-50）进行布线操作。

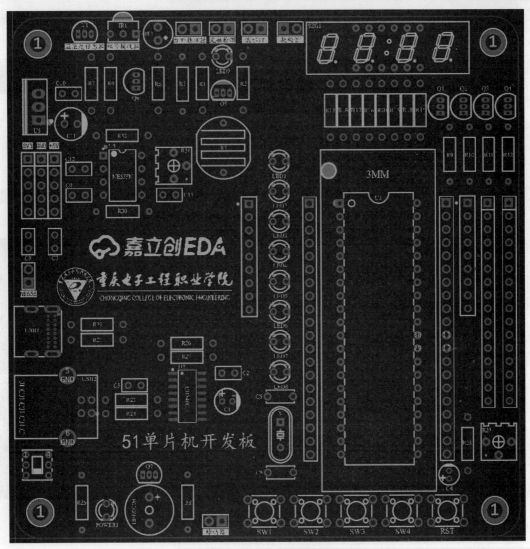

图 13-48　51 单片机开发板参考布局

布线 (U)	布局 (O)	工具 (T
单路布线	Alt+W	
拉伸导线	Shift+W	
差分对布线	Alt+D	
等长调节	Shift+A	
差分对等长调节		
自动布线...		
布线模式	Shift+R ▸	
布线拐角	▸	
布线宽度	▸	
✓ 移除回路		
清除布线	▸	

图 13-49　布线功能列表

图 13-50　单路布线工具栏操作

完成布局布线后可使用铺铜对 GND 进行连接，方法为执行"放置"→"铺铜区域"命令（图 13-51）或者单击工具栏中的"铺铜区域"按钮（图 13-52）绘制铺铜。

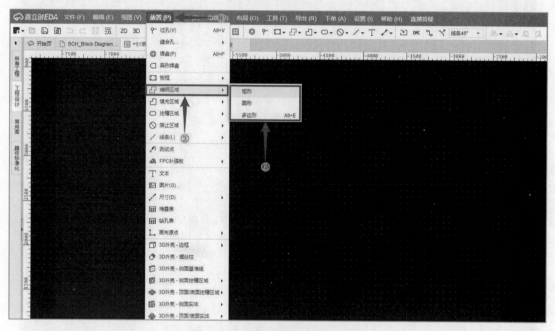

图 13-51　放置铺铜区域命令操作

图 13-52　放置铺铜区域工具栏操作

完成铺铜后可选中绘制的铺铜，右击并选择"铺铜区域"（下拉菜单为铺铜的功能列表，如图 13-53 所示），可使用 Shift+M 组合键切换隐藏和显示，在修改完布局布线后需要重建全部铺铜（Shift+B）。

完成铺铜后，可以为板子添加上泪滴，让板子看起来更加美观牢固，添加泪滴操作如图 13-54 所示。51 单片机开发板完成绘制后隐藏铺铜的 PCB 如图 13-55 所示。

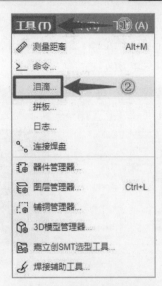

铺铜区域	▶	隐藏所选铺铜填充
组合	▶	显示所选铺铜填充
偏移	▶	隐藏全部铺铜 Shift+M
旋转	▶	显示全部铺铜 Shift+M
翻转	▶	重建所选
翻面		重建全部　　　Shift+B
属性...		铺铜管理器...

图 13-53　铺铜功能列表

图 13-54　添加泪滴操作

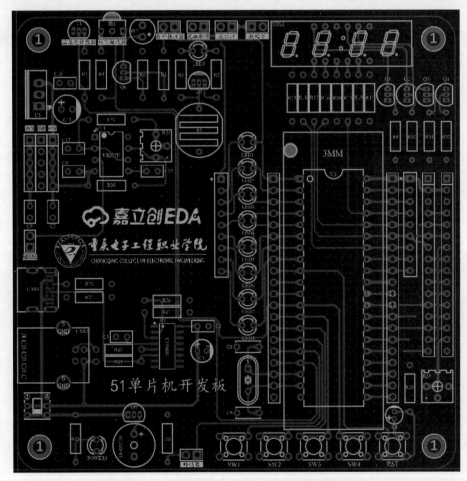

图 13-55　51单片机开发板完成绘制后隐藏铺铜的 PCB

执行"视图"→"3D 预览"命令（图 13-56）或者单击工具栏中的"3D 预览"图标（图 13-57）查看板子的 3D 预览图。51 单片机开发板的 3D 显示图如图 13-58 所示，51 单片机开发板的实物图如图 13-59 所示。

图 13-56　查看 3D 预览图命令操作

图 13-57　查看 3D 预览图工具栏操作

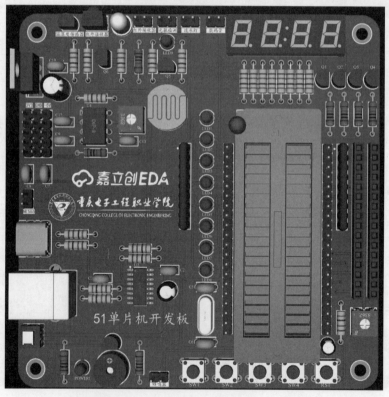

图 13-58　51 单片机开发板的 3D 显示图

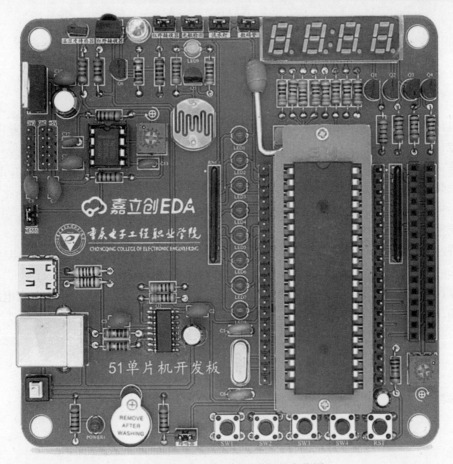

图 13-59　51 单片机开发板的实物图

本 章 小 结

　　本章以 51 单片机开发板为例介绍了复用图块的基本知识、总线的绘制方法、自顶向下和自底向上的设计方法。复用图块设计的核心要点是底层原理图的端口与顶层图块符号引脚一一对应，在底层原理图的同组 I/O 引脚可通过总线形式用网络端口引出。

习 题 13

1. 什么是复用图块，有哪些优点？
2. 顶层图块符号和底层原理图代表什么？
3. 自顶向下和自底向上的复用图块设计方法是什么？
4. 什么时候采用自顶向下和自底向上的复用图块设计？

参 考 文 献

[1] 钟世达. 立创 EDA（专业版）电路设计与制作快速入门[M]. 北京：电子工业出版社，2022.

[2] 王静，陈学昌，等. Altium Designer 2020 PCB 设计案例教程（微课版）[M]. 北京：清华大学出版社，2022.

[3] 孟瑞生，杨中兴，吴封博. 手把手教你学做电路设计——基于立创 EDA[M]. 北京：北京航空航天大学出版社，2019.

[4] 唐浒，韦然，等. 电路设计与制作实用教程——基于立创 EDA[M]. 北京：电子工业出版社，2019.

[5] 王静，谢蓉. Altium Designer 2020 电路设计案例教程[M]. 北京：中国水利水电出版社，2020.